金属元素

非金属元素

10	11	12	13	14	15	16	17	18	周期
								2 He ヘリウム 4.003	1
			5 B ホウ素 10.81	6 C 炭素 12.01	7 N 窒素 14.01	8 O 酸素 16.00	9 F フッ素 19.00	10 Ne ネオン 20.18	2
			13 Al アルミニウム 26.98	14 Si ケイ素 28.09	15 P リン 30.97	16 S 硫黄 32.07	17 Cl 塩素 35.45	18 Ar アルゴン 39.95	3
28 Ni ニッケル 58.69	29 Cu 銅 63.55	30 Zn 亜鉛 65.38	31 Ga ガリウム 69.72	32 Ge ゲルマニウム 72.63	33 As ヒ素 74.92	34 Se セレン 78.97	35 Br 臭素 79.90	36 Kr クリプトン 83.80	4
46 Pd パラジウム 106.4	47 Ag 銀 107.9	48 Cd カドミウム 112.4	49 In インジウム 114.8	50 Sn スズ 118.7	51 Sb アンチモン 121.8	52 Te テルル 127.6	53 I ヨウ素 126.9	54 Xe キセノン 131.3	5
78 Pt 白金 195.1	79 Au 金 197.0	80 Hg 水銀 200.6	81 Tl タリウム 204.4	82 Pb 鉛 207.2	83 Bi ビスマス 209.0	84 Po ポロニウム (210)	85 At アスタチン (210)	86 Rn ラドン (222)	6
110 Ds ダームスタチウム (281)	111 Rg レントゲニウム (280)	112 Cn コペルニシウム (285)	113 Nh ニホニウム (278)	114 Fl フレロビウム (289)	115 Mc モスコビウム (289)	116 Lv リバモリウム (293)	117 Ts テネシン (293)	118 Og オガネソン (294)	7

63 Eu ユウロピウム 152.0	64 Gd ガドリニウム 157.3	65 Tb テルビウム 158.9	66 Dy ジスプロシウム 162.5	67 Ho ホルミウム 164.9	68 Er エルビウム 167.3	69 Tm ツリウム 168.9	70 Yb イッテルビウム 173.1	71 Lu ルテチウム 175.0
95 Am アメリシウム (243)	96 Cm キュリウム (247)	97 Bk バークリウム (247)	98 Cf カリホルニウム (252)	99 Es アインスタイニウム (252)	100 Fm フェルミウム (257)	101 Md メンデレビウム (258)	102 No ノーベリウム (259)	103 Lr ローレンシウム (262)

生理学・生化学につながる

ていねいな化学

㊔

白戸亮吉，小川由香里，鈴木研太

はじめに

「生理学・生化学につながる　ていねいな化学」を手にとっていただき，ありがとうございます．医療系の職業に就くためには，人体機能を考える生理学，体内の化学反応を考える生化学の知識が必要不可欠です．本書はその土台となる**医療系の大学・短期大学・専門学校で学ぶ学生を対象とした「化学」の教科書**です．

医療系の大学で教育に携わるわれわれは，高等学校の「化学基礎」や「化学」を未履修の学生，化学を苦手とする学生と接することが多く，その学修を手助けしたいという強い思いをもち続けていました．そこで，**医療系で必要となる化学の基礎的内容に集中してていねいに解説し，生理学・生化学導入の助けとなる教科書**をまとめることにしたのです．白戸は現在，「生物学」などの講義を担当し，「化学」，「生理学」，「生化学」についても担当経験があります．小川は「化学」，「生理学」，「生化学」などを担当しています．鈴木は「生物学」，「化学・生物学実験」などを担当し，「人体機能学（生理学）」についても担当経験があります．われわれは，医療系初年次教育における指導経験をフル活用して本書の執筆に取り組みました．

本書の構成は，まず１～３章では主に生理学・生化学を理解するための前提となる化学的知識（原子の種類と構造，イオン，化学結合，物質量など）を扱います．４～６章では生理学・生化学にかかわる内容（酸と塩基，酸化還元，酵素，有機化合物など）を化学的な視点から解説します．また，本書の特長として学んだ化学の知識と生理学・生化学がどのようにつながっているかを本文中やコラムで示しています．このようにつながりも示しながら無理なく順番に学んでいくことで，**医療系で必須となる生理学・生化学へとスムーズに学修を進めていくことができる構成**となっています．

本書は，多くの方々のご尽力により出版に至ることができました．羊土社の企画営業担当の大山康之様，編集担当の原田悠様，安西志保様，内容の理解を後押しするイラストを作成していただいた足達智様，刊行に携わってくださったすべての関係者の方々にこの場をお借りして心より感謝の意を示します．本書が，生理学・生化学を学ぶすべての方の力となることを，ここ埼玉県毛呂山の地より祈っております．

2019年11月

白戸亮吉
小川由香里
鈴木研太

目次概略

1～3章では主に生理学・生化学を理解するための前提となる化学的知識（原子の種類と構造，イオン，化学結合，物質量など）を扱います．

4～6章では生理学・生化学にかかわる内容（酸と塩基，酸化還元，酵素，有機化合物など）を化学的な視点から解説します．

目次

4章 酸と塩基，酸化還元反応

1. 酸と塩基 77

2. 酸化還元反応 92

3. 脂質 148

4. タンパク質 159

5. 核酸 175

■正誤表・更新情報

https://www.yodosha.co.jp/textbook/book/5535/index.html

本書発行後に変更，更新，追加された情報や，訂正箇所のある場合は，上記のページ中ほどの「正誤表・更新情報」を随時更新しお知らせします．

■お問い合わせ

https://www.yodosha.co.jp/textbook/inquiry/other.html

本書に関するご意見・ご感想や，弊社の教科書に関するお問い合わせは上記のリンク先からお願いします．

生理学・生化学につながる

ていねいな

化　学

1. 物質の構成

- 人体を構成する物質について理解しよう
- 物質を構成する粒子の熱運動と状態変化について理解しよう

重要な用語

原子

物質の基本的な構成単位である粒子のこと.

元素

物質の基本的な構成単位である原子の種類のこと.

有機化合物

主に酸素(O), 炭素(C), 水素(H), 窒素(N)からなる, 生体を構成する物質のこと. 炭素が中心.

ミネラル

酸素(O), 炭素(C), 水素(H), 窒素(N)以外の元素のみからなる物質のこと.

状態変化

粒子の熱運動と引力の関係によって, 物質の三態(固体, 液体, 気体)が変化すること.

1. 体はなにでできている？

原子と元素

ヒトの体をはじめ，すべての物質は**原子**●という直接目には見えない小さな粒子が基本の単位となっています．例えば，水は酸素の原子と水素の原子からできています．この酸素や水素など原子の種類のことを**元素**●といいます（図1-1）．元素は，自然界に約90種，人工的につくられたものも含めると約110種が知られています．

●原子＝atom

性質のよく似た元素同士を決められた規則で並べたものが周期表●です．周期表には，通常は元素名とともに，ラテン語名などの頭文字から取った**元素記号**が記されています．元素記号はアルファベットの大文字1字，もしくは大文字1字と小文字1字で示されます．例えば，大文字1字で示されるものとして，酸素＝O，炭素＝C，水素＝H，窒素＝N，リン＝P，硫黄＝S，カリウム＝Kなどがあります．大文字1字と小文字1字で示されるものとして，カルシウム＝Ca，ナトリウム＝Na，マグネシウム＝Mgなどがあります．

●元素＝element
●周期表　→本書表紙の裏「周期表」，詳細は1章2-4参照

物質のなかで，1種類の元素のみからなるものを**単体**●，2種類以上の元素からなるものを**化合物**●とよびます※1．また，1種類の単体または化合物だけからからなる**純物質**●と2種類以上の単体や化合物が混じり合っている物質である**混合物**●に分けられます（図1-1）※2．

●単体＝simple substance
●化合物＝compound
※1　同素体（allotrope）：同じ元素からなる単体で性質が異なるもの同士を互いに同素体であるといいます．同素体が存在する元素はS，C，O，P（「スコップ」と覚えてください）で，例えばOの場合だと，酸素（O_2）とオゾン（O_3）が同素体です．この酸素（O_2）のように，単体は元素名と同じ名前でよばれる場合があります．
●純物質＝pure substance
●混合物＝mixture
※2　混合物の分離法：混合物から純物質をとり出す操作を分離（separation），さらに不純物をとり除き，より高純度の物質を得る操作を精製（refining）とよびます．代表的な方法には，濾過（filtration），蒸留（distillation），再結晶（recrystallization），昇華法（sublimation method），抽出（extraction），クロマトグラフィー（chromatography）などがあります．

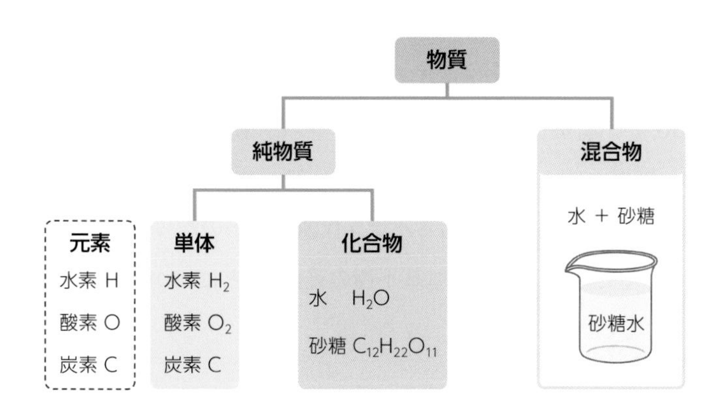

図1-1　物質の分類
物質は純物質と混合物に分類されます．純物質はさらに単体と化合物に分類されます．元素は構成要素を意味し，化学においては原子の種類のことを指します．

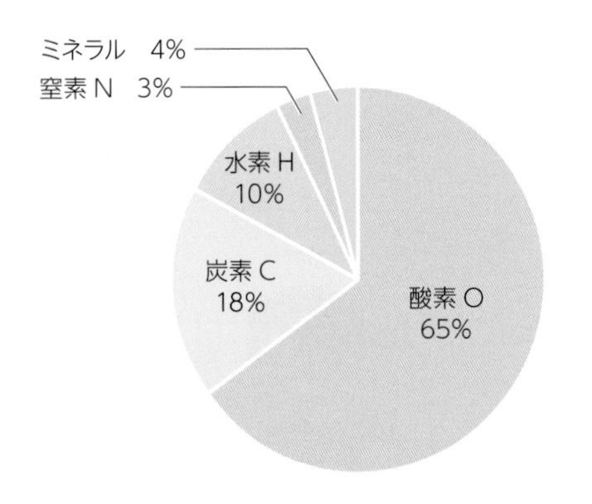

図1-2　人体を構成する元素の割合（質量%）

人体のおよそ95％は酸素，炭素，水素，窒素で構成されています．

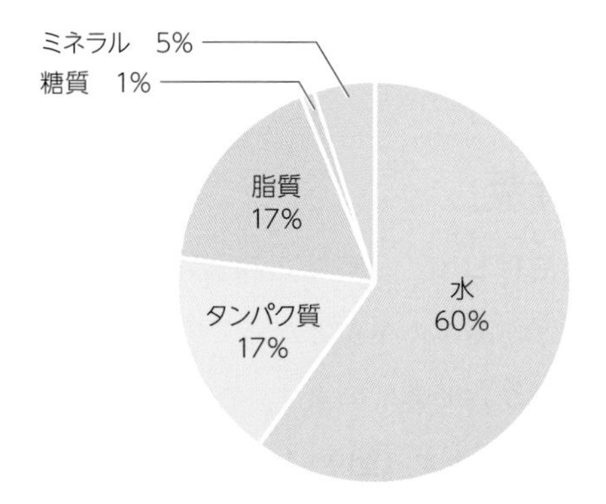

図1-3　人体を構成する物質の割合（質量%）

人体のおよそ60％は水から構成されます．人体の水分について，成人男性は約60％ですが，成人女性は脂質の割合が高いため，水分は体重の約55％となります．新生児は70～80％程度ですが，年齢とともに水分の割合は減っていき，高齢者では50～55％程度になります．

人体を構成する元素　生化学

人体を構成する元素は，**酸素**（O），**炭素**（C），**水素**（H），**窒素**（N）の4種類で全体のおよそ95％を占めます（図1-2）．生物を構成する炭素を含む物質を**有機化合物**●，それ以外の物質を**ミネラル**●〔無機(化合)物〕とよびます※3．有機化合物には糖質●，脂質●，タンパク質●，核酸●，ビタミン，ホルモンなどがあり，タンパク質はこの4種類の元素を必ず含んでいます．ミネラルもさまざまな人体の構造や機能（生理）に関係しており，骨や歯の材料，さまざまな有機化合物の材料，体液成分，酵素反応を助ける補因子となります．

● 有機化合物＝organic compound
→6章1

● ミネラル＝mineral

※3　水と二酸化炭素：生物の外にも広く存在する水（H_2O）と二酸化炭素（CO_2）は，一般的には無機化合物に分類されます．

● 糖質　→6章2
● 脂質　→6章3
● タンパク質　→6章4
● 核酸　→6章5

人体を構成する化合物　生化学

人体を構成する物質について化合物を中心に見てみると，水（H_2O）が約60％，有機化合物としては，タンパク質が約17％，脂質が約17％，糖質が約1％となります（図1-3）．残りの約5％がミネラルです．人体の約60％を占める水は，代謝のための溶媒●，栄養素・老廃物・ホルモンの運搬，酸塩基平衡の維持●などにかかわっています．

● 溶媒　→3章2-3
● 酸塩基平衡の維持　→5章2-3

2. 粒子は常に動いている！

熱運動と状態変化

原子などの粒子を閉じた空間に入れると，やがて自然に均一に散らばる，**拡散**●という現象が起こります※4．拡散は，物質を構成している粒子が常に動いているために起こります．粒子のこのような運動は，**熱運動**●とよばれます．高温になるほど熱運動が活発になり，エネルギーの大きな粒子の割合が増えます．散らばるだけでなく粒子の間には互いに引き合おうとする引力（化学結合●や分子間力●など）もあります．熱運動の活発さと引力の強さの関係によって，固体●，液体●，気体●の間で物質の状態が変わる**状態変化**●が起こります（固体，液体，気体を**物質の三態**といいます）※5．

●拡散＝diffusion
※4　拡散と人体機能：人体でも肺による酸素の取り込みと二酸化炭素の排出，細胞膜内外の物質の移動に拡散がかかわっています．
●熱運動＝thermal motion
●化学結合　→2章
●分子間力　→2章2-3
●固体＝solid
●液体＝liquid
●気体＝gas
●状態変化＝change of state
※5　物理変化と化学変化：状態変化のように，物質の性質は変化せず，形や状態のみが変わることを物理変化（physical change）とよびます．一方，物質が別の性質をもつ物質に変化することを化学変化（chemical change）とよびます．

COLUMNS

気体の運動エネルギーと絶対零度

粒子の運動エネルギーは温度低下にしたがって穏やかになり，理論上は−273.15℃で完全に停止します．この温度は絶対零度（absolute zero）とよばれます．この絶対零度を原点（0度，0 K）とした温度を絶対温度（absolute temperature，熱力学温度）といい，単位はケルビン（K）を用います．なお，セルシウス温度（celsius temperature，摂氏温度）は，絶対温度の値から273.15を引いたものとなり，単位は，セルシウス度（℃）を用います．

▶物質の三態

固体の状態では，粒子の熱運動は穏やかで粒子間の引力が働くため，粒子間の距離が非常に近く，位置関係も変わりません（形は変わらず，体積も小さい）．液体の状態では，熱運動は固体の状態よりも活発ですが，粒子間の引力は働くため，位置関係を変えながら緩やかに移動しています（形は変わるが，体積はあまり大きくならない）．気体の状態では，粒子の熱運動が非常に活発なため，粒子間の引力はほとんど働かず，自由に飛び回っています（形は自由に変わり，体積は非常に大きい）．

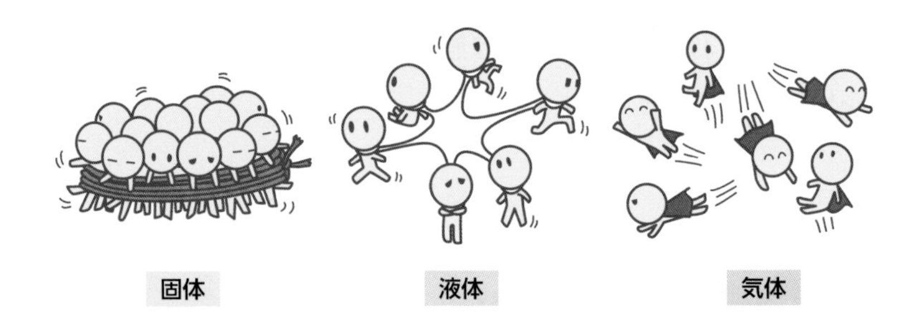

COLUMNS

受動輸送と能動輸送 生理学 生化学

細胞膜などの生体膜を物質が通過する方法に受動輸送（passive transport）と能動輸送（active transport）があります．受動輸送は，物質の偏り（濃度勾配）にしたがって，物質が多いところから少ないところまで移動して均一化する拡散などの性質を利用した輸送方法です．一方，能動輸送は，物質の偏り（濃度勾配）に逆らって，エネルギー（ATP，p181コラム参照）を消費・利用して行う輸送方法です．

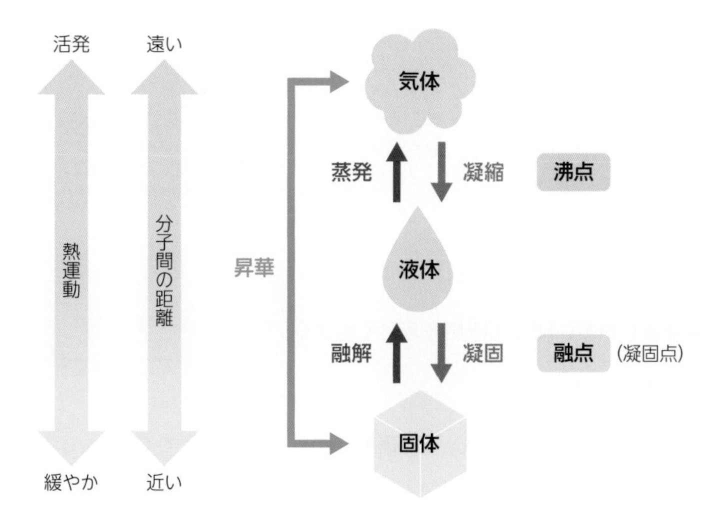

図 1-4　物質の状態変化
熱運動の活発さの違いによって，物質の三態が変化します．

状態変化

固体から液体になる状態変化を**融解**，液体から気体になる状態変化を**蒸発**とよびます．逆に，気体から液体になる状態変化は**凝縮**，液体から固体になる変化を**凝固**とよびます．固体から直接気体になる，あるいは気体から直接固体になるといった液体を経ずに生じる状態変化は**昇華**とよびます．また，液体の表面からだけでなく，内部からも蒸発が起こる現象を**沸騰**とよびます．純物質では，圧力が一定の場合には決まった温度で融解や沸騰が起こることが知られており，それぞれ，**融点**，**沸点**とよばれます（図 1-4）※6．

- 融解＝melting，fusion
- 蒸発＝evaporation
- 凝縮＝solidification
- 凝固＝condensation
- 昇華＝sublimation
- 沸騰＝boiling
- 融点＝melting point
- 沸点＝boiling point

※6　凝固点：純物質では，物質が液体から固体になる（凝固の起こる）温度である凝固点（solidifying point，freezing point）と物質が固体から液体になる（融解の起こる）温度である融点（melting point）は同じ温度です．

練 習 問 題

ⓐ 人体を構成する物質（→本書表紙の裏「周期表」）

❶ 人体を構成する元素の割合（質量%）が多い順に4種類答えてください.

❷ ❶の元素4種類を元素記号で答えてください.

❸ 水（H_2O）は成人男性の体重のおよそ何%を占めるか，下の選択肢から番号で答えてください.

①0%　②30%　③60%　④90%　⑤100%

❹ 以下に示した元素を元素記号で答えてください.

①リン　②硫黄　③塩素　④マグネシウム　⑤鉄　⑥亜鉛　⑦ヨウ素

❺ 以下に示した元素記号を元素名で答えてください.

①Ca　②Na　③K　④F　⑤Si　⑥Cu　⑦Mn

ⓑ 熱運動と状態変化

❶ 物質の三態（固体，液体，気体）のなかで，最も熱運動が活発なものを答えてください.

❷ 物質の三態のなかで一般的に最も体積が小さいものを答えてください.

❸ 液体から気体になる状態変化を何とよぶか答えてください.

❹ 固体から気体，または気体から固体に液体を経ずになる状態変化を何とよぶか答えてください.

練習問題の　解　答

ⓐ ❶ 酸素，炭素，水素，窒素

人体のおよそ95％は酸素，炭素，水素，窒素の4種類から構成されています．

❷ O，C，H，N

❸ ③60％

化合物を中心に考えると，成人男性のおよそ60％は水で構成されています．

❹ ①P　②S　③Cl　④Mg　⑤Fe　⑥Zn　⑦I

❺ ①カルシウム　②ナトリウム　③カリウム　④フッ素　⑤ケイ素　⑥銅　⑦マンガン

人体中に存在する主なミネラルについての問題です．生理学や生化学を学ぶうえで必要ですので，しっかり覚えておきましょう．

ⓑ ❶ 気体

❷ 固体

最も熱運動が活発なのは気体で，体積も一番大きくなります．固体はその逆で，一般的に体積が一番小さくなります．水（H_2O）は水素結合（2章2-3参照）のために固体では構成粒子の隙間が多い配置となるため，固体よりも液体の体積が小さい特殊な例となります．

❸ 蒸発

液体から気体への状態変化は蒸発，液体の表面からだけでなく，内部からも蒸発が起こる現象を沸騰とよびます．

❹ 昇華

固体から気体，気体から固体の状態変化は，両方向とも昇華とよびます．

2. 原子構造と周期表

- 原子の構造と電子配置について理解しよう
- イオンの性質とイオン式の意味について理解しよう
- 元素の周期律を原子の電子配置と関連付けて理解しよう

重要な用語

原子核

原子核は陽子と中性子からなる．原子核の周りを電子が運動している．

同位体

同じ元素の原子で中性子の数が異なるもののこと．自然に放射線を放出して他の原子に変化するものを特に放射性同位体とよぶ．

電子配置

電子の並び方，規則性のこと．原子核の周りの特定の電子殻とよばれる空間に電子が収容されている．

価電子

原子の最外殻にあり，イオンになるときや化学反応にかかわる電子のこと．

イオン

原子や原子団が電子を放出するか受けとることで，電荷をもった粒子のこと．電子を放出して，全体として正の電荷をもった粒子を陽イオン，電子を受けとって全体として負の電荷をもった粒子を陰イオンという．

周期律

元素を原子番号順に並べた際に，性質の似た元素が周期的にみられるという法則性のこと．周期表はこの周期律に基づいてつくられている．

典型元素

周期律によく従う1，2，12～18族元素のこと．同族の元素で性質が似ている傾向があり，希ガスやアルカリ金属などの名前がついているものもある．

1. 原子ってどんなもの？

原子の構造

原子は直径 10^{-10} m ほど，質量 $10^{-24 \sim -22}$ g ほどの非常に小さな粒子です．原子の中心にある**原子核**●は**陽子**●と**中性子**●から構成されています．電気的な引力の働きにより，原子核の周りを**電子**●が飛び回っています（図1-5）．

● 原子核＝atomic nucleus
● 陽子＝proton
● 中性子＝neutron
● 電子＝electron

物質がもつ電気の量を**電荷**●といいます．陽子は**正の電荷**，電子は**負の電荷**をもち，中性子は電荷をもちません．そのため，陽子と中性子からなる原子核は正の電荷をもっています．陽子1つがもつ正の電荷の量と電子1つがもつ負の電荷の量は同等です．原子に含まれる陽子の数と電子の数は同じため，原子は全体として電気的に中性となっています．

● 電荷＝charge

原子によって陽子の数（＝電子の数）は決まっていて，それを**原子番号**●といいます．例えば，原子番号6の炭素の場合は，陽子数（＝電子数）は6です．

● 原子番号＝atomic number

質量数=陽子の数+中性子の数

$^{12}_{6}C$ 上が質量数 下が原子番号！

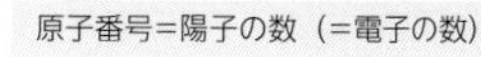

原子番号=陽子の数（=電子の数）

質量数と同位体

原子の陽子数（＝電子数）と中性子数を示す場合は，元素記号の左上に陽子の数と中性子の数を足した数である**質量数**●，左下に陽子数（＝電子数）である原子番号を書き添えます（表1-1）※1．例えば炭素 $^{12}_{6}C$ の質量数は，陽子数＋中性子数＝12です．

● 質量数＝mass number

※1　元素記号と原子番号：元素記号に対応する原子番号は必ず決まっています．そのため，原子番号を省略して，元素記号の左上に質量数のみを示す場合もあります．

原子を構成する粒子の質量は，陽子 ≒ 1.7×10^{-24} g，中性子 ≒ 1.7×10^{-24} g，電子 ≒ 9.1×10^{-28} g です．陽子と中性子の質量はほぼ等しく，電子の質量はそれらの約 $\frac{1}{1,840}$ ほどしかありません．その

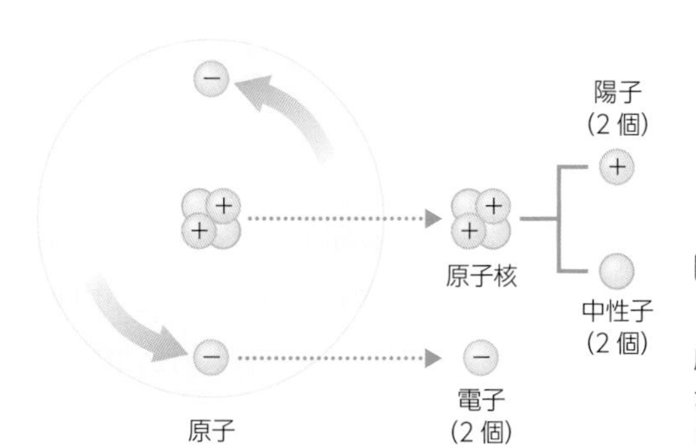

図1-5　ヘリウム原子の概念図
原子の中心には陽子と中性子からなる原子核があり，その周りを電子が運動しています．

表1-1　元素の同位体

元素	原子番号	陽子数(電子数)	同位体	中性子数	質量数	存在比（%）
水素 $_{1}H$	1	1	$^{1}_{1}H$	0	1	99.9885
			$^{2}_{1}H$	1	2	0.0115
炭素 $_{6}C$	6	6	$^{12}_{6}C$	6	12	98.93
			$^{13}_{6}C$	7	13	1.07
酸素 $_{8}O$	8	8	$^{16}_{8}O$	8	16	99.757
			$^{17}_{8}O$	9	17	0.038
			$^{18}_{8}O$	10	18	0.205
銅 $_{29}Cu$	29	29	$^{63}_{29}Cu$	34	63	69.15
			$^{65}_{29}Cu$	36	65	30.85

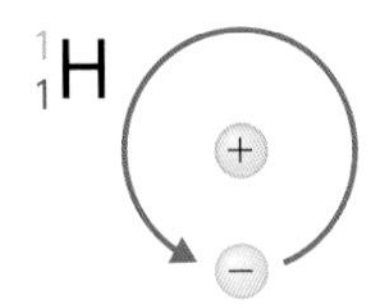

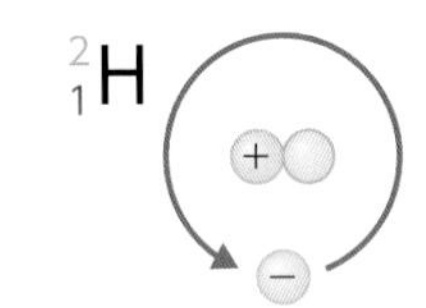

水素の同位体

原子番号は原子のもつ陽子数（＝電子数）と同じで，元素記号の左下に示します．質量数は陽子数と中性子数の合計で，元素記号の左上に示します．

ため，原子の質量を考える際，電子の質量は無視できるほど軽いため考えません．

原子番号が同じでも，中性子数が異なる（質量数が異なる）原子同士を**同位体**●といいます（表1-1）．同位体のなかで，原子核の状態が不安定なために，自然に放射線を放出して他の安定な原子に変化するものを特に**放射性同位体**●とよびます（放射線を出す性質を**放射能**●，放射能をもつ物質の総称を放射性物質，放射能をもつ元素を放射性元素といいます）※2．それに対し，安定な同位体を**安定同位体**●といいます．同位体同士は質量が異なりますが，化学的性質はほぼ同じです．自然界にある元素の多くは，数種類の同位体からなり，元素ごとにほぼ一定の割合で混ざって存在しています※3．

●同位体＝アイソトープ，isotope
●放射性同位体＝ラジオアイソトープ，radioisotope：RI
●放射能＝radioactivity
※2　放射性同位体の利用：放射性同位体はほとんどの元素に存在し，原子番号83（ビスマス $_{83}Bi$）以降の元素はすべて放射性同位体のみからなる放射性元素です（ラドン $_{86}Rn$，ラジウム $_{88}Ra$，ウラン $_{92}U$ など）．放射性同位体は，医療分野では検査・診断や放射線治療，医療器具の滅菌などに利用されています．
●安定同位体＝stable isotope
※3　地球上に天然で存在する同位体：ナトリウム $_{11}Na$，リン $_{15}P$，マンガン $_{25}Mn$ などは天然に同位体は存在しません．一方，例えばカルシウム $_{20}Ca$ は，^{40}Ca，^{42}Ca，^{43}Ca，^{44}Ca，^{46}Ca，^{48}Ca の6種類，亜鉛 $_{30}Zn$ は，^{64}Zn，^{66}Zn，^{67}Zn，^{68}Zn，^{70}Zn の5種類の同位体が存在します．

2. 原子核をとり巻く電子たち

▶電子配置

原子を構成する電子は，**電子殻**（でんしかく）●とよばれる原子核をとり巻くいくつかの空間に分かれて存在しています．電子殻は，原子核に近い内側から順にK殻，L殻，M殻，N殻…とよばれます．それぞれの電子殻に収容される電子の最大数はK殻から順に2個，8個，18個，32個

●電子殻＝electron shell

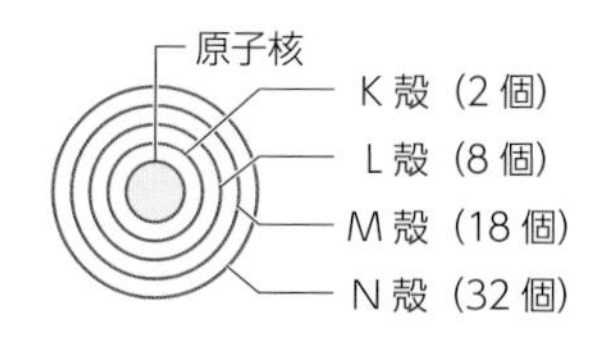

図1-6　電子殻のモデル図
（　）内は収容される電子数を示しています．

…となっています（内側からn番目の電子殻には，最大で$2n^2$個の電子を収容できます，図1-6）．

原子核の周りの電子は，原子核に近いほど強く引き付けられ，エネルギーの低い安定した状態にあります．そのため，電子は原則として内側の電子殻から順番に収容されていきます（18番目の電子まではこの原則に従います●．このような電子殻への電子の入り方を**電子配置**●といいます（図1-7）※4．

● 19番目以降の電子　→p29 advance
● 電子配置＝electron configuration
※4　電離と励起：電子が原子の外まで放出される場合を電離（electrolytic dissociation）とよび，軌道上の電子が通常の電子配置よりも外側の軌道に飛び移る場合を励起（excitation）とよびます．

最外殻［周期］		最外殻電子数［族］							
		1［1］	**2**［2］	**3**［13］	**4**［14］	**5**［15］	**6**［16］	**7**［17］	**2, 8**［18］
	K殻［1］	$_{1}$H（1+）	（n+）原子核（nは陽子の数） ● 電子		K殻 L殻 M殻 N殻				$_{2}$He（2+）
	L殻［2］	$_{3}$Li（3+）	$_{4}$Be（4+）	$_{5}$B（5+）	$_{6}$C（6+）	$_{7}$N（7+）	$_{8}$O（8+）	$_{9}$F（9+）	$_{10}$Ne（10+）
	M殻［3］	$_{11}$Na（11+）	$_{12}$Mg（12+）	$_{13}$Al（13+）	$_{14}$Si（14+）	$_{15}$P（15+）	$_{16}$S（16+）	$_{17}$Cl（17+）	$_{18}$Ar（18+）
				3	4	5	6	7	8（Heのみ2）
	N殻［4］	$_{19}$K（19+）	$_{20}$Ca（20+）						
価電子		1	2						

図1-7　電子配置図
ボーアモデル（bohr model）．原子の電子配置の例を示しました．電子数が増える（原子番号が大きくなる）ほど，電子は外側の電子殻に入っていくようになります．参考文献5をもとに作成．

▶価電子

原子核の周りの電子で最も外側の電子殻（最外殻）に収容されている電子を最外殻電子といいます．この最外殻電子は，原子がイオン●になるとき，または原子同士が互いに結びつくとき（化学結合●）に重要な役割を果たし，**価電子**●ともよばれます（**表1-2**）．周期表18族●の元素（ヘリウム $_{2}He$，ネオン $_{10}Ne$，アルゴン $_{18}Ar$，クリプトン $_{36}Kr$，キセノン $_{54}Xe$，ラドン $_{86}Rn$）は，**希ガス**●とよばれ，電子配置が安定していて，他の原子と結びつきにくいため，化合物をつくりにくいという共通の性質をもちます※5．

●イオン　→本項3にて後述

●化学結合＝chemical bond　→2章

●価電子＝valence electron

●族　→本項4にて後述

●希ガス＝rare gas，貴ガス：noble gas

※5　希ガスの価電子：化学反応や結合に関係する電子という観点から，希ガスの価電子を0とすることがあります．

3. 電荷をもつ粒子とは？

▶イオンとその分類

先に説明したとおり，原子を構成している陽子と電子の数は等しく，原子は電気的に中性の性質をもちます．しかし，原子や**原子団**（原子2個以上の集まり）が電子を放出したり受けとったりすることで陽子と電子の数が異なる電荷をもった粒子（**イオン**●）が生じます．原子

●イオン＝ion

113番元素　ニホニウム

元素には，自然界に存在する元素と人工的につくられる元素があります．ウラン $_{92}U$ より重い元素（超ウラン元素）は自然界にはほとんど存在せず，人工的に合成することによってつくり出されます．近年では，理化学研究所の森田浩介博士を中心とする研究グループが発見した113番元素が新元素であると認められ，2016年に元素名が「nihonium（ニホニウム）」，元素記号が「Nh」と決定されました．これにより，アジアの国としてはじめて日本発の元素が周期表に記載されました．

113番元素は，亜鉛 $_{30}Zn$ の原子核をビスマス $_{83}Bi$ の原子核に衝突，融合（核融合）させることによってつくられました（30＋83＝113）．原子核は非常に小さいため，ほとんど衝突せず，衝突したとしても融合する確率は100兆分の1です．実験を開始してからおよそ10年間，2003～2012年の間に計3個の113番元素の合成が確認されています．

表1-2　最外殻電子数と価電子

周期	元素		原子番号	電子数の合計（陽子数の合計）	原子殻と電子配置				価電子数
					K殻	L殻	M殻	N殻	
1	水素	$_{1}H$	1	1	1				1
	ヘリウム	$_{2}He$	2	2	2				2
2	リチウム	$_{3}Li$	3	3	2	1			1
	ベリリウム	$_{4}Be$	4	4	2	2			2
	ホウ素	$_{5}B$	5	5	2	3			3
	炭素	$_{6}C$	6	6	2	4			4
	窒素	$_{7}N$	7	7	2	5			5
	酸素	$_{8}O$	8	8	2	6			6
	フッ素	$_{9}F$	9	9	2	7			7
	ネオン	$_{10}Ne$	10	10	2	8			8
3	ナトリウム	$_{11}Na$	11	11	2	8	1		1
	マグネシウム	$_{12}Mg$	12	12	2	8	2		2
	アルミニウム	$_{13}Al$	13	13	2	8	3		3
	ケイ素	$_{14}Si$	14	14	2	8	4		4
	リン	$_{15}P$	15	15	2	8	5		5
	硫黄	$_{16}S$	16	16	2	8	6		6
	塩素	$_{17}Cl$	17	17	2	8	7		7
	アルゴン	$_{18}Ar$	18	18	2	8	8		8
4	カリウム	$_{19}K$	19	19	2	8	8	1	1
	カルシウム	$_{20}Ca$	20	20	2	8	8	2	2

最外殻電子数と価電子数は基本的に同じ数になります．

1個からなるイオンを**単原子イオン**，原子団（原子の集団）が電荷をもったイオンを**多原子イオン**といいます．

▶陽イオンと陰イオン

原子が放出したり受けとったりした電子の数をイオンの価数とよびます．電子を1つ放出すると，全体として正（＋）の電荷をもつ一価の**陽イオン**●となります．逆に，電子を1つ受けとると全体として負（－）の電荷をもつ一価の**陰イオン**●になります．この価数と電荷の種類（＋，－）を元素記号の右上に書き添えたものを**イオン式**●とよびます．代表的なイオンとそのイオン式について**表1-3**にまとめてありますので，確認してください．

●陽イオン＝カチオン，cation

●陰イオン＝アニオン，anion

●イオン式＝ionic formula

表1-3　イオンとイオン式

陽イオン		
名称	イオン式	価数
水素イオン	H^+	1
ナトリウムイオン	Na^+	
カリウムイオン	K^+	
銅（Ⅰ）イオン	Cu^+	
アンモニウムイオン	NH_4^+	
マグネシウムイオン	Mg^{2+}	2
カルシウムイオン	Ca^{2+}	
鉄（Ⅱ）イオン	Fe^{2+}	
銅（Ⅱ）イオン	Cu^{2+}	
亜鉛イオン	Zn^{2+}	
アルミニウムイオン	Al^{3+}	3
鉄（Ⅲ）イオン	Fe^{3+}	

イオン式では，電荷の種類（＋，－）と価数を元素記号の右上に示します．鉄や銅のように価数の異なる複数のイオンが存在する場合は，価数をローマ数字で区別します．また，多原子イオンでは原子の数を元素記号の右下に示す場合があります（1つの場合は省略します）．例えば，アンモニウムイオンは窒素原子N 1つと水素原子H 4つから構成されています．
陽イオンの場合には，元素名に「イオン」をつけたものが名称となります．

陰イオン		
名称	イオン式	価数
塩化物イオン	Cl^-	1
ヨウ化物イオン	I^-	
水酸化物イオン	OH^-	
硝酸イオン	NO_3^-	
酢酸イオン	CH_3COO^-	
炭酸水素イオン（重炭酸イオン）	HCO_3^-	
炭酸イオン	CO_3^{2-}	2
酸化物イオン	O^{2-}	
硫酸イオン	SO_4^{2-}	
硫化物イオン	S^{2-}	
リン酸イオン	PO_4^{3-}	3

陰イオンの場合には，一般的に単原子イオンでは，元素名に「化物イオン」をつけたものが名称となり，多原子イオンでは，複数の原子が結びついてできる物質の名称に「イオン」をつけた名称となります．

イオンの生成

陽イオン

それでは，陽イオンの生成について考えてみましょう．ナトリウム $_{11}Na$ の価電子は1個なので，この電子が離れると希ガスのネオン $_{10}Ne$ と同じ電子配置（価電子数8）となり，安定した状態になります．このように，一般的に価電子数1～3の原子は，価電子を失って陽イオンになりやすい性質（**陽性**●）が強い傾向にあります．この性質の強さは，原子から電子を取り去るのに必要となるエネルギーである**イオン化エネルギー**で示されます※6．一般的にイオン化エネルギーが小さい原子ほど陽性が強い傾向があり，陽イオンになりやすいということになります．

●陽性＝positive

※6　イオン化エネルギー（ionization energy）：1個の電子を取り去るのに必要なエネルギーを第一イオン化エネルギー，2個の電子を取り去るのに必要なエネルギーを第二イオン化エネルギーとよびます．単にイオン化エネルギーという場合には，基本的に第一イオン化エネルギーのことを指します．

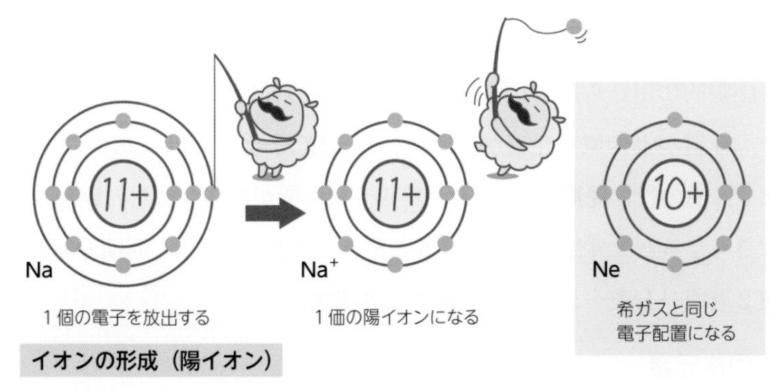

イオンの形成（陽イオン）

● 陰イオン

続いて，陰イオンの生成について考えてみましょう．塩素 $_{17}Cl$ の価電子は7個なので，電子1個を受けとると希ガスのアルゴン $_{18}Ar$ と同じ電子配置（価電子数8）となり，安定した状態になります．このように，一般的に価電子数6～7の原子は，電子を受けとって陰イオンになりやすい性質（**陰性**●）が強い傾向があります．この性質の強さは，原子が電子を受けとる際に放出されるエネルギーである**電子親和力**●で示されます．一般的に電子親和力が大きい原子ほど陰性が強い傾向があり，陰イオンになりやすいということになります．

● 陰性＝negative

● 電子親和力＝electron affinity

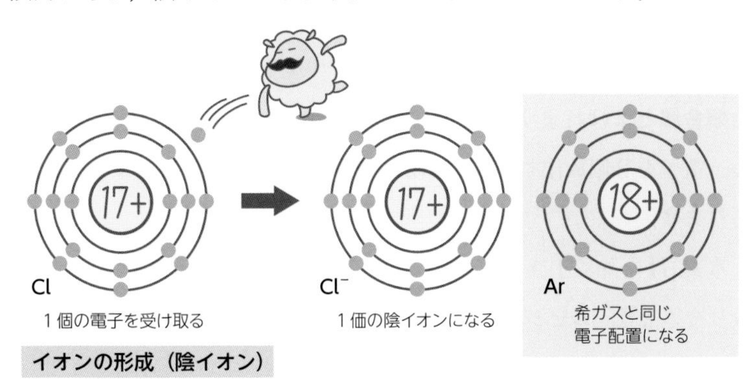

イオンの形成（陰イオン）

4. 周期表をみれば元素の分類がわかる！

▶元素の周期的な法則性

元素を原子番号の順に並べると，価電子数，イオン化エネルギー，原子やイオンの大きさ，単体の融点や沸点，生じる化合物の組成など，性質のよく似た元素が一定間隔で現れます．この周期的な法則性を**周期律**●といいます．この周期律に従って性質のよく似た元素を縦の列に並べたものが**周期表**●です．

● 周期律＝periodic law
● 周期表＝periodic table →本書表紙の裏「周期表」参照

▶族と周期

国際的に用いられている周期表は，縦が18列，横が7行のものです．性質がよく似た元素が並ぶ縦の列を**族**[●]とよび，1～18族があります．横の行は**周期**[●]とよばれ，第1～7周期があり，周期の数が1つ大きくなると最外殻が1つずつ外に移っていきます（第1周期→K殻，第2周期→L殻…，図1-7，表1-2参照）．

●族＝group

●周期＝period

●同族元素

同じ族に含まれる元素の集まりを**同族元素**といいます．同族元素には特別な名前がついているものがあります．

例えば18族元素の集まり（ヘリウム $_{2}He$，ネオン $_{10}Ne$，アルゴン $_{18}Ar$，クリプトン $_{36}Kr$，キセノン $_{54}Xe$，ラドン $_{86}Rn$）は希ガスとよばれます．希ガスは安定した電子配置をもちます．

17族元素の集まり（フッ素 $_{9}F$，塩素 $_{17}Cl$，臭素 $_{35}Br$，ヨウ素 $_{53}I$，アスタチン $_{85}At$）は**ハロゲン**[●]とよばれます．ハロゲンは7個の価電子をもち，電子を1個取り込んで，電荷が－1の陰イオンになりやすい性質があります．

●ハロゲン＝halogen

ベリリウム $_{4}Be$，マグネシウム $_{12}Mg$ を除いた2族元素の集まり（カルシウム $_{20}Ca$，ストロンチウム $_{38}Sr$，バリウム $_{56}Ba$）は，**アルカリ土類金属**（どるいきんぞく）とよばれます※7．アルカリ土類金属は2個の価電子をもつため，電子を2個放出して，電荷が＋2の陽イオンになりやすい性質があります．

水素 $_{1}H$ を除く1族元素の集まり（リチウム $_{3}Li$，ナトリウム $_{11}Na$，カリウム $_{19}K$，ルビジウム $_{37}Rb$，セシウム $_{55}Cs$）は，**アルカリ金属**とよばれます※8．アルカリ金属は1個の価電子をもつため，1個の電子を放出して，電荷が＋1の陽イオンになりやすい性質があります．

※7　アルカリ土類金属（alkali earth metals）：ベリリウムとマグネシウムは同族のアルカリ土類金属とは性質が異なります．例えば，アルカリ土類金属の単体は常温の水と反応して水酸化物（OHとの化合物）となり水素を発生しますが，ベリリウムとマグネシウムは常温の水とは反応しません．また，アルカリ土類金属の化合物は炎色反応（flame reaction）を示しますが，ベリリウムとマグネシウムの化合物は示しません．

※8　アルカリ金属（alkali metals）：水素は非金属元素のため，同族のアルカリ金属とは異なる性質をもちます．水中で塩基性（4章1-5）を示す物質をアルカリ（alkali）とよびます．アルカリ金属とアルカリ土類金属の水酸化物はアルカリ性を示します．

▶典型元素と遷移元素

周期律によく従う1，2，12～18族元素を**典型元素**[●]，それ以外の3～11族元素を**遷移元素**（せんい）[●]とよびます．

●典型元素＝typical element

●遷移元素＝transition element

典型元素は，同族元素において価電子の配置が同じであるため，性質が似ている傾向があります．典型元素には金属元素と非金属元素がほぼ半分ずつ含まれています※9．

※9　金属元素と非金属元素：金属元素は光沢があり（金属光沢）電気や熱をよく通します．一般的に陽性が強く，陽イオンになりやすい性質があります．一方，18族を除く非金属元素は一般的に陰性が強く，陰イオンになりやすい性質があります．

遷移元素は，最外殻電子数が1～2個のものがほとんどで，周期表で隣り合うもの（同じ周期で原子番号が近いもの）同士の性質が似通っている場合が多くみられます．遷移元素はすべて金属元素です．

advance

電子軌道

電子殻はエネルギーの状態（エネルギー準位）が低い順から1（K殻），2（L殻），3（M殻），4（N殻）…と主量子数とよばれる数で区別する場合があります．また，各電子殻には，電子を2個ずつ収容できる軌道（orbital）があります．軌道はその形状により分類され，エネルギー準位が低い順からs，p，d，fとなります．それぞれの軌道は主量子数と合わせて記述します．K殻のもつ軌道は1s，L殻のもつ軌道は2s，2p，M殻のもつ軌道は3s，3p，3d…のようになります．

電子はエネルギー準位が低い順に収容されます．基本的には，電子は主量子数が小さい電子殻から順に入り，軌道もsから順に入ります（1→2→3→4，s→p→d→f）．しかし，3p軌道を超えると，M殻の3d軌道よりもN殻の4s軌道の方が，エネルギー準位が低くなっています．そのため，19番目の電子はM殻ではなくN殻に入ることになります（表1-2，カリウム，カルシウムを参照）．このように，電子殻の間で軌道のエネルギー準位が交差する場合もあります．

電子殻	主量子数	電子軌道	軌道数	収容電子数	総電子収容数
K	1	1s	1	2	2
L	2	2s 2p	1 3	2 6	8
M	3	3s 3p 3d	1 3 5	2 6 10	18
N	4	4s 4p 4d 4f	1 3 5 7	2 6 10 14	32

電子殻は，電子を2個ずつ収容できる軌道からできています．

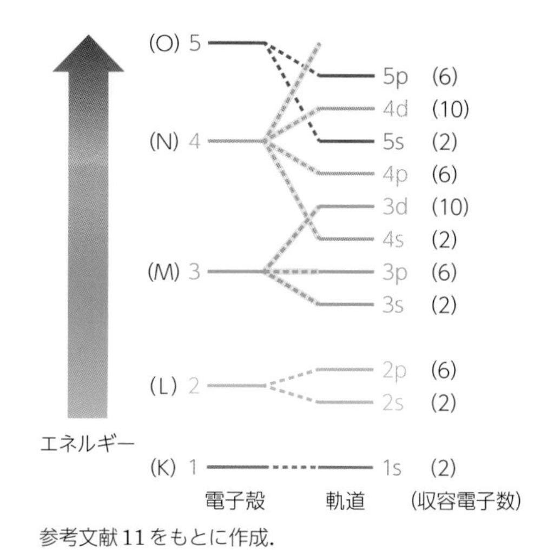

参考文献11をもとに作成.

練習問題

ⓐ 原子構造（→表1-1）

❶ 原子核は正負どちらの電荷をもつか答えてください.

❷ 同じ元素の原子で中性子の数が異なるもの同士を何とよぶか答えてください.

❸ ❷ のなかで放射能をもつものを特に何とよぶか答えてください.

❹ 原子番号は何の粒子数から求められるか答えてください.

❺ 質量数は何の粒子数の合計か答えてください.

❻ 以下に示した表の空欄を埋めてください.

同位体	原子番号	電子数	陽子数	中性子数	質量数
$^{1}_{1}H$	1	1		0	1
$^{12}_{6}C$	6	6	6		12
$^{16}_{8}O$	8		8	8	16
$^{63}_{29}Cu$		29	29	34	

ⓑ 電子配置（→表1-2）

❶ 電子がイオンになるとき，または原子同士が互いに結びつくときに重要な役割を果たす最外殻電子のことを何とよぶか答えてください.

❷ 以下に示した元素の価電子数を答えてください.

①$_{1}H$　②$_{6}C$　③$_{7}N$　④$_{8}O$　⑤$_{15}P$　⑥$_{16}S$　⑦$_{17}Cl$　⑧$_{18}Ar$

ⓒ 電荷をもつ粒子（→表1-3）

❶ 原子や原子団が電子を放出したり受けとったりすることで生じた陽子と電子の数が異なる電荷をもった粒子のことを何とよぶか答えてください.

❷ 原子から電子をとり去るのに必要となるエネルギーを何とよぶか答えてください.

❸ 原子が電子を受けとる際に放出されるエネルギーを何とよぶか答えてください.

❹ 以下に示したイオンのイオン式と価数を答えてください.

①水素イオン　②水酸化物イオン　③炭酸水素イオン　④鉄（Ⅱ）イオン
⑤硝酸イオン　⑥硫酸イオン　⑦リン酸イオン

❺ 以下に示したイオンの名称と価数を答えてください．

①Na^{+}　②Zn^{2+}　③Al^{3+}　④Cl^{-}　⑤CH_3COO^{-}　⑥CO_3^{2-}

❻ 正の電荷をもつイオンを特に何とよぶか答えてください．

❼ ❻になりやすい性質を何とよぶか答えてください．

❽ 負の電荷をもつイオンを特に何とよぶか答えてください．

❾ ❽になりやすい性質を何とよぶか答えてください．

d 周期表と元素の分類（→本書表紙の裏「周期表」）

❶ 原子番号１～20までの元素について元素記号，原子番号，元素名を示した周期表を完成させてください．

周期＼族	1	2	13	14	15	16	17	18
1								
2								
3								
4								

❷ 水素 $_{1}H$ を除く１族元素の集まりを何とよぶか答えてください．

❸ ベリリウム $_{4}Be$ とマグネシウム $_{12}Mg$ を除く２族元素の集まりを何とよぶか答えてください．

❹ 17族元素の集まりを何とよぶか答えてください．

❺ 18族元素の集まりを何とよぶか答えてください．

❻ ❷～❺のなかで，安定した電子配置をもつものを番号で答えてください．

❼ ❷～❺のなかで，電子を１つ放出し，１価の陽イオンになりやすい性質をもつものを番号で答えてください．

❽ 周期律によく従う１～2，12～18族元素を何とよぶか答えてください．

❾ 3～11族元素を何とよぶか答えてください．

練習問題の　解　答

ⓐ ❶ 正の電荷をもつ

❷ 同位体（アイソトープ）

❸ 放射性同位体（ラジオアイソトープ）

❹ 陽子または電子

❺ 陽子数（電子数）と中性子数の合計

❻

同位体	原子番号	電子数	陽子数	中性子数	質量数
$^{1}_{1}H$	1	1	1	0	1
$^{12}_{6}C$	6	6	6	6	12
$^{16}_{8}O$	8	8	8	8	16
$^{63}_{29}Cu$	29	29	29	34	63

原子は陽子と中性子からなる原子核と，電子から構成されています．原子核は全体として正の電荷をもちます．元素によって陽子数（＝電子数）は決まっていて，それを原子番号とよびます．中性子数の異なるもの同士を同位体，同位体のなかで放射能をもつものを特に放射性同位体とよびます．中性子数の異なる同位体を区別するには質量数を用います．質量数は陽子数と中性子数の合計（原子核の質量）で，それらと比べて非常に軽い電子の数は含みません．

ⓑ ❶ 価電子

❷ ①1　②4　③5　④6　⑤5　⑥6　⑦7　⑧8（0）

化学反応や結合にかかわる最外殻電子のことを価電子とよびます．化学反応や結合に関係する電子という観点から，希ガスの価電子を0とすることがあります．

ⓒ ❶ イオン

❷ イオン化エネルギー

❸ 電子親和力

❹ ①H^{+}，1価　②OH^{-}，1価　③HCO_3^{-}，1価　④Fe^{2+}，2価
⑤NO_3^{-}，1価　⑥SO_4^{2-}，2価　⑦PO_4^{3-}，3価

❺ ①ナトリウムイオン，1価　②亜鉛イオン，2価　③アルミニウムイオン，3価
④塩化物イオン，1価　⑤酢酸イオン，1価　⑦炭酸イオン，2価

❻ 陽イオン（カチオン）

❼ 陽性

❽ 陰イオン（アニオン）

❾ 陰性

陽子と電子の数が異なる電荷をもった粒子のことをイオンとよび，特に正の電荷をもつ場合は陽イオン，負の電荷をもつ場合は陰イオンとよびます．一般的にイオン化エネルギーが小さい原子ほど陽イオンになりやすく（陽性が強く），電子親和力が大きい原子ほど陰イオンになりやすい（陰性が強い）傾向があります．

d ❶ 本書表紙の裏「周期表」を参照

❷ アルカリ金属

❸ アルカリ土類金属

❹ ハロゲン

❺ 希ガス

❻ ❺

❼ ❷

❽ 典型元素

❾ 遷移元素

典型元素の一部には名前がついていて，安定した電子配置をもつ18族元素を希ガスとよびます．アルカリ金属は電子を1つ放出，アルカリ土類金属は電子を2つ放出，ハロゲンは電子を1つ受けとると希ガスと同じ安定した電子配置をもつイオンとなります．

1. イオン同士の結びつき，イオン結合

- イオン結合とイオン結合でできている物質の特徴について理解しよう
- 組成式の書き方について理解しよう

重要な用語

イオン結合
陽イオンと陰イオンの静電気的な力による結びつきのこと．

組成式
物質を構成する各元素の原子の数を最も簡単な整数比で示したもの．

結晶
粒子が規則正しく配列した固体のこと．

電解質
水などに溶けた際にイオンに分かれ，電気を導くようになる物質．

1. イオン同士の結びつき

イオン結合

陽イオン（金属元素）と陰イオン（非金属元素）の電気的な力（静電気力）※1による結びつきを**イオン結合**●とよびます※2．一般的に金属元素と非金属元素からなる物質はこのイオン結合で粒子が結びついています．

※1 静電気力（electrostatic force，クーロン力）：電荷をもつ粒子の間に働く力を静電気力とよびます．符号が異なる場合（＋と－）には互いに引き合い，符号が同じ場合（＋と＋，または－と－）の場合には反発する力が働きます．

●イオン結合＝ionic bond

※2 イオン結合の強さ：イオン結合の強さはイオンのもつ電荷（価数）が大きいほど，また，イオン半径が小さい（イオン間の距離が近い）ほど強力になります．

●電子配置 →1章2-2

原子間で電子を受け渡す

例えば，塩化ナトリウムNaClは，金属元素のナトリウム$_{11}$Naと非金属元素の塩素$_{17}$Clからなります．ナトリウム$_{11}$Naは電子を1つ放出しナトリウムイオンNa^+となることでネオン$_{10}$Ne型の安定した電子配置●となります．塩素$_{17}$Clは電子を1つ受けとり塩化物イオンCl^-となることでアルゴン$_{18}$Ar型の安定した電子配置となります．このようにして原子間で電子の受け渡しによって生じたイオンは，静電気力によって互いに引き合うようになります（図2-1）．

2. イオン結合でできている物質の特徴は？

イオン結合でできている物質の示し方

イオン結合でできている物質を示すには，物質を構成する各元素の原子の数を最も簡単な整数比で示した**組成式**を使います．イオン結合でできている物質は全体として電気的に中性の性質をもつため，組成

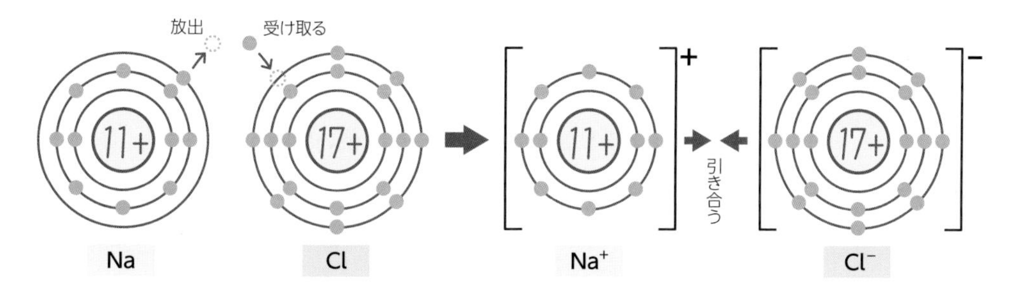

図2-1 イオン結合の例（NaとCl）

Na^+とCl^-は符合の異なる（＋と－の）イオン間に働く静電気力によって結びつくようになります（イオン結合）．参考文献1をもとに作成．

表 2-1　組成式の例

陽イオン＼陰イオン	OH^- 水酸化物イオン 一価	CO_3^{2-} 炭酸イオン 二価	PO_4^{3-} リン酸イオン 三価
Na^+ ナトリウムイオン 一価	$NaOH$ 水酸化ナトリウム 一価×1個＝一価×1個	Na_2CO_3 炭酸ナトリウム 一価×2個＝二価×1個	Na_3PO_4 リン酸ナトリウム 一価×3個＝三価×1個
Ca^{2+} カルシウムイオン 二価	$Ca(OH)_2$ 水酸化カルシウム 二価×1個＝一価×2個	$CaCO_3$ 炭酸カルシウム 二価×1個＝二価×1個	$Ca_3(PO_4)_2$ リン酸カルシウム 二価×3個＝三価×2個
Al^{3+} アルミニウムイオン 三価	$Al(OH)_3$ 水酸化アルミニウム 三価×1個＝一価×3個	$Al_2(CO_3)_3$ 炭酸アルミニウム 三価×2個＝二価×3個	$AlPO_4$ リン酸アルミニウム 三価×1個＝三価×1個

例えば，リン酸カルシウム$Ca_3(PO_4)_2$の場合，二価の陽イオン（Ca^{2+}）と三価の陰イオン（PO_4^{3-}）からなるため，イオンの価数と個数をかけたものが6になるように組み合わせます．二価のカルシウムイオンCa^{2+}が3個＝三価のリン酸イオンPO_4^{3-}が2個で$Ca_3(PO_4)_2$となります．

● 価数　→1章2-3

式は「陽イオンの価数×陽イオンの個数＝陰イオンの価数×陰イオンの個数」の関係が成り立ちます．書く順番は，陽イオンが先で陰イオンが後になります．Na^+とCl^-の場合は，Naが先，Clが後で「NaCl」となります．名前のよび方はその逆で，陰イオンの「物イオン」を抜いた名称が先で，陽イオンの「イオン」を抜いた名称を後によびます．Na^+（ナトリウムイオン）とCl^-（塩化物イオン）の場合は，「塩化」＋「ナトリウム」→「塩化ナトリウム」となります．イオン結合でできている物質の組成式の例を**表 2-1**に示しましたので確認しておいてください．

イオン結晶

● 結晶＝crystal

● イオン結晶＝ionic crystal

※3　イオン結晶の配置：イオン結晶中の陽イオンと陰イオンの配置のしかたは，それぞれのもつ電荷やイオン半径に影響されます．

固体のNaClは，同じ数のNa^+とCl^-が交互に並んだ構造となっています（図 2-2）．このように粒子が規則正しく配列した固体を**結晶**とよび，イオン結合からなる結晶は特に**イオン結晶**とよばれます※3．イオン結晶は，イオン結合の結合力が大きいために一般的に融点（固体が液体になるときの温度）が高く，硬い性質があります．しかし，外部から強い力が加わって結晶中の粒子の位置関係がずれると，陽イオン同士，陰イオン同士が互いに向かい合って反発するようになるため，割れやすく，もろいという性質があります．イオン結晶は電気を導きませんが，水に溶けるとイオンに分かれ，自由に動けるようにな

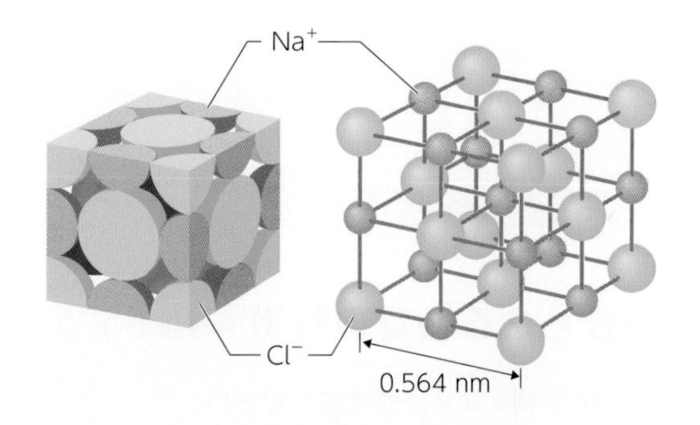

図2-2　NaClの単位格子とイオン配置
結晶は単位格子（unit cell）とよばれる基本構造がくり返されています．NaClの単位格子は立方体の形になっています．

るため，電気を導くようになります（電気伝導性）．このような，水などに溶解すると，陽イオンと陰イオンに電離する物質を**電解質**といいます※4．

※4　電解質と非電解質：水などに溶けた際に電離し，電気を導くようになる物質を電解質（electrolytic dissociation）とよびます．エタノールやスクロースなど，水溶液中で電離せず，電気を導かない物質は非電解質（nonelectrolyte）とよばれます．

練 習 問 題

ⓐ イオン同士の結びつきとイオンからなる物質の特徴（→表1-3，2-1）

❶ 陽イオンと陰イオンの静電気力による結びつきを何とよぶか答えてください.

❷ 粒子が規則正しく配列した固体のことを何とよぶか答えてください.

❸ イオン結合からなる結晶を特に何とよぶか答えてください.

❹ 物質を構成する各元素の原子の数を最も簡単な整数比で示したものを何とよぶか答えてください.

❺ 以下に示したイオンからなる物質の名称と組成式を答えてください.

①K^{+}とCl^{-}　②Na^{+}とHCO_3^{-}　③Mg^{2+}とOH^{-}　④Zn^{2+}とPO_4^{3-}

❻ 以下に示した物質を組成式で答えてください.

①硝酸カリウム　②水酸化マグネシウム　③硫酸アルミニウム

練習問題の 解答

ⓐ ❶ イオン結合

❷ 結晶

❸ イオン結晶

❹ 組成式

❺ ①塩化カリウム, KCl　②炭酸水素ナトリウム, $NaHCO_3$
③水酸化マグネシウム, $Mg(OH)_2$　④リン酸亜鉛, $Zn_3(PO_4)_2$

❻ ①KNO_3　②$Mg(OH)_2$　③$Al_2(SO_4)_3$

陽イオンと陰イオンの静電気力による結びつきをイオン結合とよびます．粒子が規則正しく配列した固体を結晶とよびますが，イオン結合からなる結晶を特にイオン結晶とよびます．物質を構成する各元素の原子の数を最も簡単な整数比で示したものを組成式とよびます．組成式は「陽イオンの価数×陽イオンの個数＝陰イオンの価数×陰イオンの個数」の関係が成り立ちます．書く順番は，陽イオンが先で陰イオンが後になります．名前はその逆に，陰イオンが先，陽イオンを後によびます．

2. 原子同士の結びつき，共有結合

- 共有結合と共有結合でできている物質の特徴について理解しよう
- 電子式，構造式の書き方について理解しよう
- 電気陰性度と分子の極性について理解しよう
- 分子間に働く力について理解しよう

重要な用語

共有結合

原子間で出し合った価電子を共有してできる結びつきのこと．希ガス以外の非金属元素の原子同士でみられる．

分子

いくつかの原子が共有結合で結びついてできた粒子のこと．構成する元素の種類と原子の数を示した分子式で示される．

不対電子

電子対をつくっていない電子のこと．第2，第3周期の原子では，価電子が1～4個のときには電子は単独で存在し，不対電子とよばれる．価電子が5個以上になると2個で1つの電子対（非共有電子対）をつくる．共有結合で新たな電子対がつくられることがある（共有電子対）．

電子式

価電子を元素記号の周りに黒点「・」で示した化学式の一種．

構造式

原子間の1組の共有電子対を1本の線（価標）であらわした化学式の一種．

原子価

原子が共有結合の際に使う不対電子の数のこと．元素によって決まっているため，分子構造を考える際の目安となる．

化学式

元素記号を使って物質の組成や構造を示す式の総称．イオン式，組成式，分子式，電子式，構造式，示性式などがある．

電気陰性度

ある原子が電子（共有電子対）を引き付ける力の強さのこと．元素によって異なり，分子の極性に影響する．

極性

共有電子対がどちらかの原子に偏ることで，分子内に電荷の偏りがある状態のこと．

分子間力

分子間に働く比較的弱い力の総称．

水素結合

分子間や分子内の水素原子を介した結合．窒素 $_7N$，酸素 $_8O$，フッ素 $_9F$ などの電気陰性度の大きい原子と水素原子との間の結びつきのこと．

1. 共有結合による原子同士の結びつき

共有結合

水素分子H_2は，2個の水素原子$_1H$が結びついてできています．水素原子が価電子●を1つずつ出し合って共有することで，両方とも希ガスのヘリウム原子$_2He$と同じ安定した電子配置となっています（図2-3A，図1-7も参照）．このような原子間で出し合った価電子を共有してできる結びつきを**共有結合**●とよびます※1．共有結合は希ガス以外の非金属元素の原子同士でみられます．いくつかの原子が共有結合で結びついてできた粒子を**分子**●とよびます※2．

水分子H_2Oは1個の酸素原子$_8O$と2個の水素原子$_1H$が共有結合により結びついてできています．酸素原子が2個の価電子，水素原子が1個の価電子を出して共有し，酸素はネオン$_{10}Ne$型，水素はヘリウム$_2He$型の電子配置となり安定しています（図2-3B，図1-7も参照）．

●価電子　→1章2-2

●共有結合＝covalent bond

※1　配位結合：通常，共有結合では2つの原子が互いの電子を出し合って共有電子対をつくって結合しますが，2つの原子のうち，一方の原子の非共有電子対を他の原子が共有することでできる共有結合を特に配位結合（coordinate covalent bond，配位共有結合）とよびます．電子対が一方の原子だけから提供されてできる共有結合ということになります．水溶液中の水素イオンH^+は水分子H_2Oと配位結合してオキソニウムイオンH_3O^+として存在しています．

●分子＝molecule

※2　単原子分子（monoatomic molecule）：希ガスの原子は他の原子とは結びつかずに原子1個が分子として存在していて，単原子分子とよばれます．

A）水素分子H_2

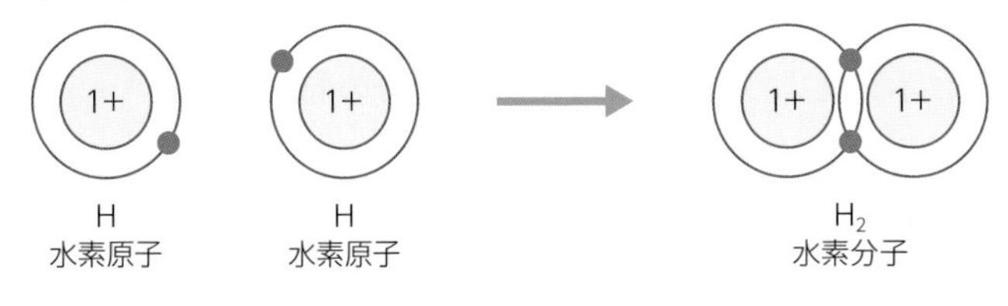

B）水分子H_2O

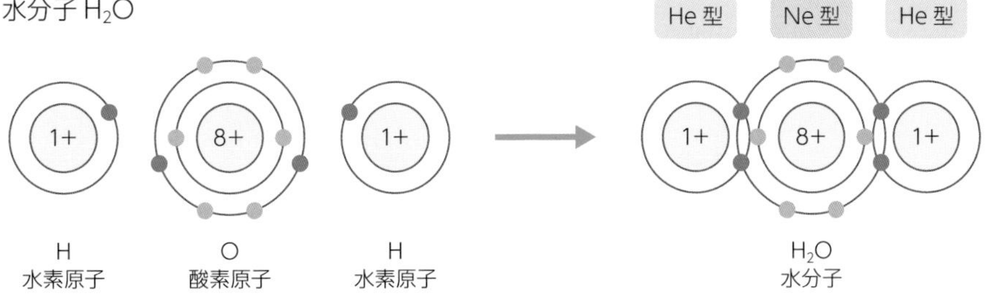

図2-3　電子配置

A）水素分子H_2は2つの水素原子$_1H$が価電子を1つずつ出し合って共有することで，両方の原子がヘリウム原子$_2He$と同じ電子配置となっています．B）水分子H_2Oは，1つの酸素原子$_8O$と2つの水素原子$_1H$が共有結合により結びついてできています．酸素原子が2つの価電子，水素原子が1つの価電子を出して共有することで，酸素はネオン$_{10}Ne$型，水素はヘリウム$_2He$型の電子配置となり安定しています．参考文献1をもとに作成．

族	1	2	13	14	15	16	17	18
第 1 周期	H・							He：
第 2 周期	Li・	・Be・	・B・	・C・	・N・	・O・	：F・	：Ne：
第 3 周期	Na・	・Mg・	・Al・	・Si・	・P・	・S・	：Cl・	：Ar：
価電子の数	1	2	3	4	5	6	7	8 (Heのみ2)

図2-4　電子式
価電子4個までは黒点を単独で描き，5個目からペアになるように描きます．第1周期のヘリウム $_2$He は例外で価電子2個をペアになるように描きます．

- 電子対＝electron pair
- 不対電子＝unpaired electron
- 非共有電子対＝unshared electron pair
- 共有電子対＝shared electron pair, covalent electron pair

酸素など第2，3周期の原子では，価電子が1～4個のときには電子は単独で存在し，価電子が5個以上になると2個で1つの対，**電子対**をつくるようになります（図2-4）．共有結合は，対をつくらずに単独で存在する電子をそれぞれの原子で共有し，新しい電子対をつくることでできる結びつきなのです．単独の電子は**不対電子**，共有結合にかかわらないもともと存在している電子対は**非共有電子対**（孤立電子対），共有結合によって新たに生じた電子対は**共有電子対**とよばれます．

構造の示し方

電子式

- 電子式＝electronic formula

図2-4に示したように，価電子を元素記号の周りに黒点「・」で示したものを**電子式**とよびます．電子式では，不対電子の数が最大になるように価電子4個までは黒点を1つずつ単独に描きます．価電子5個目からは非共有電子対を示すため，ペアになるように描きます．第1周期のヘリウム $_2$He の電子式は例外で価電子2個をペアになるように描きます．

構造式

- 価標＝bond
- 構造式＝structural formula

分子内の各原子の結合の様子を示すため，原子間の1組の共有電子対を1本の線（**価標**（かひょう））であらわしたものを**構造式**とよびます．水素分子は後述の分子式では H_2，構造式ではH－Hとなります．水分子の場合は分子式では H_2O，構造式ではH－O－Hとなります．価標の本数はそれぞれの原子が共有結合のときに使う価電子，つまり不対電子

表2-2　原子価と価標

1価	H－	Cl－
2価	－O－	－S－
3価	－N－（下に価標）	－P－（下に価標）
4価	－C－（上下に価標）	－Si－（上下に価標）

代表的な分子の原子価と価標を示しました．有機化合物（6章1）は炭素$_6C$を中心とした物質です．Cは原子価が4で多数の原子と結合することができるため，複雑な構造を形成することができます．そのため，有機化合物では，分子式が同じでも構造が異なる物質（構造異性体，6章2-3）が存在する場合があります．それらの物質を区別して示す場合には，構造式や示性式を用います．

の数と同じであり，**原子価**とよばれます．原子価は元素によって決まっているため，分子の構造を考えるときの目安になります(表2-2)．

● 原子価＝valence

共有結合は2対または3対の共有電子対で結びついている場合もあります．1対の場合は**単結合**，2対の場合は**二重結合**，3対の場合は**三重結合**とよばれます．構造式の価標は二重結合の場合は2本，三重結合の場合は3本書かれます．例えば，二酸化炭素はO＝C＝O，窒素はN≡Nとなります（表2-3）．

● 単結合＝single bond
● 二重結合＝double bond
● 三重結合＝triple bond

分子式

分子は構成する原子の種類と数を示す**分子式**で示されます．分子式は一見，組成式と区別がつきにくいですが，組成式は物質を構成する各元素の原子の数を比で示しているのに対して，分子式は実際の原子の個数を示します．例えば，水酸化カルシウムの組成式$Ca(OH)_2$はCaとOHが1：2でたくさん存在しているまとまりを示します．一方，水の分子式H_2Oの場合はHが2つとOが1つで1つの分子として存在していることを示します．

● 分子式＝molecular formula

化学式

これまでに，元素記号を使って物質の組成や構造を示す式がいくつも出てきました．これらの式は，まとめて**化学式**とよばれます（表2-3）．この教科書で扱う化学式は，イオン式，組成式，分子式，電子式，構造式のほか，有機化合物の性質をあらわす際に使われる示性式があります．

● 化学式＝chemical formula
● イオン式　→1章2-3
● 組成式　→2章1-2
● 分子式　→本項で解説
● 電子式　→本項で解説
● 構造式　→本項で解説
● 示性式　→6章1-4

表2-3　化学式と分子構造

分子	分子式	電子式	構造式	電子配置	分子模型	極性分子 極 / 無極性分子 無
水素	H_2	H:H（単結合）	H−H（単結合）	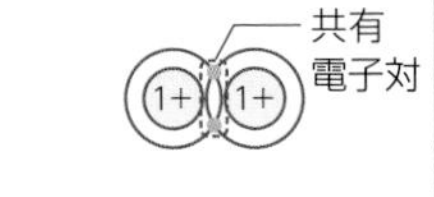 (1+)(1+) 共有電子対	H H	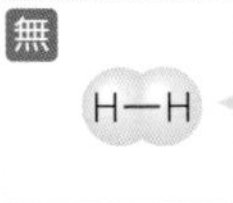 無 H—H 電荷の偏りがない
二酸化炭素	CO_2	:Ö::C::Ö:（二重結合）	O=C=O（二重結合）	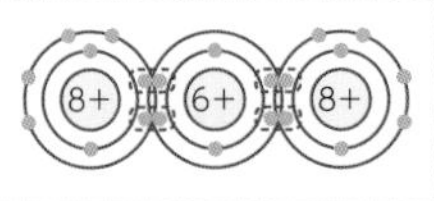 (8+)(6+)(8+)	O C O　直線形 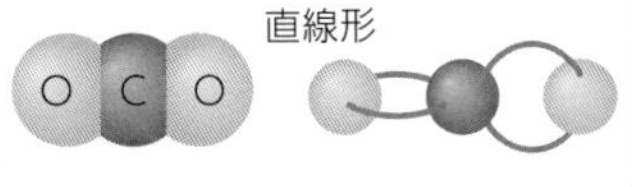	無 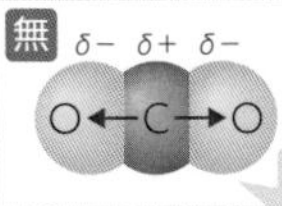 δ− δ+ δ− O←C→O
窒素	N_2	:N⋮⋮N:（三重結合）	N≡N（三重結合）	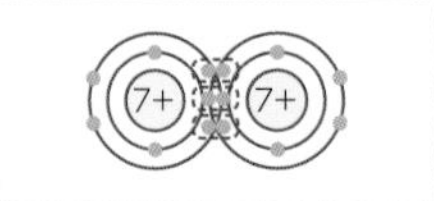 (7+)(7+)	 N N	無 N—N 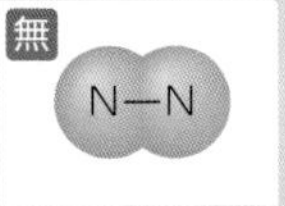
塩化水素	HCl	H:C̈l:	H−Cl	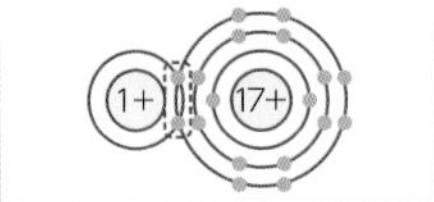 (1+)(17+)	 H Cl	極 δ+ H→Cl δ− 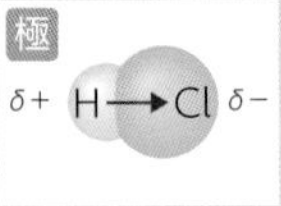
水	H_2O	H:Ö:H	H−O−H	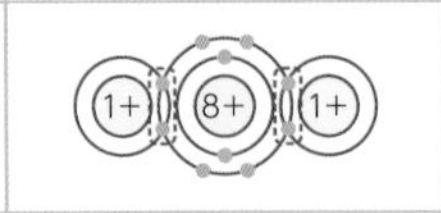 (1+)(8+)(1+)	H O H　折れ線形 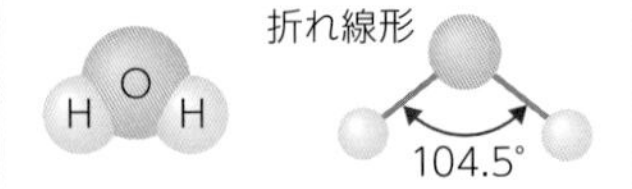 104.5°	極 δ− O δ+ H δ+ H 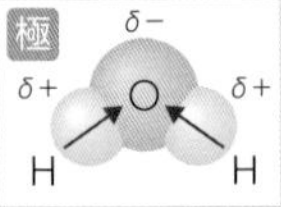
アンモニア	NH_3	H:N̈:H H	H−N−H H	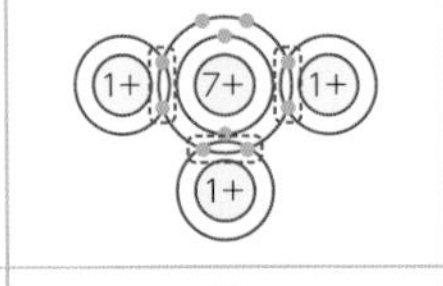 (1+)(7+)(1+)(1+)	N H H H　三角錐形 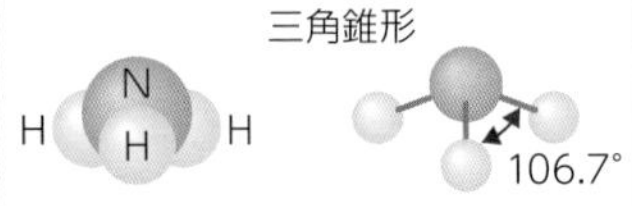 106.7°	極 δ− N H δ+ H δ+ H δ+ 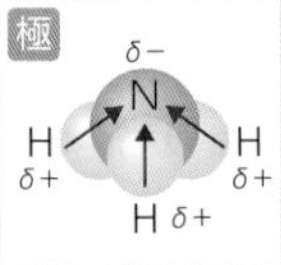
メタン	CH_4	H H:C:H H	H H−C−H H	(1+)(1+)(6+)(1+)(1+)	C H H H H　正四面体形 109.5°	無 δ− C H δ+ H δ+ H δ+ H δ+

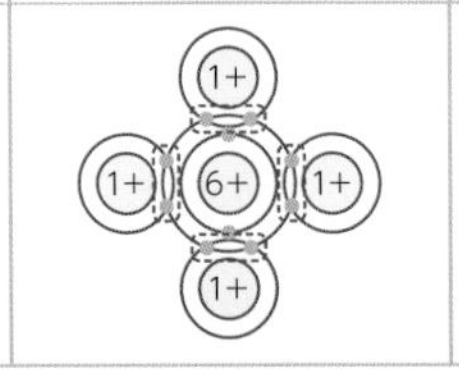

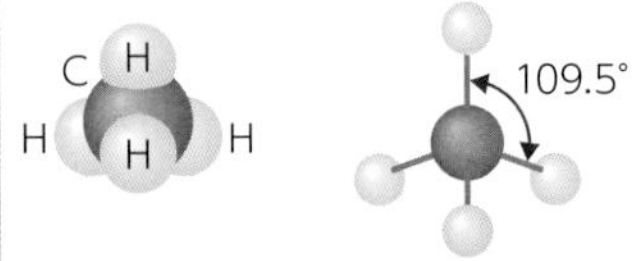

（CO_2〜CH_4：電荷の偏りはあるが，互いに打ち消しあっている）

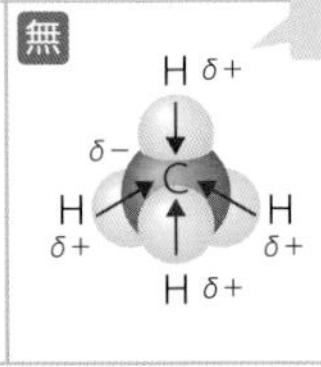

さまざまな化学式での物質の示し方と分子の構造について示しました．同じ物質でも，重視する内容によって示し方が異なります．極性分子/無極性分子では電荷の偏り（後述）を「→」で示しました．これは矢印の方向に電子が偏っている状態を示しています．水素 H_2 と窒素 N_2 は同じ元素の原子のみからなる分子のため，電荷の偏りがありません．二酸化炭素 CO_2 とメタン CH_4 は電荷の偏りを打ち消しあっているため，無極性分子とみなします．参考文献5をもとに作成．

2. 電子を引き付ける力と電荷の偏り

▶電気陰性度

分子内で共有結合している原子が電子を引き付ける力の強さを**電気陰性度**●といい，元素の種類によってその強さが異なることが分子の性質に影響しています．電気陰性度は，周期表において希ガスを除き，右上にある元素ほど大きくなっています（図2-5）．

●電気陰性度＝electronegativity

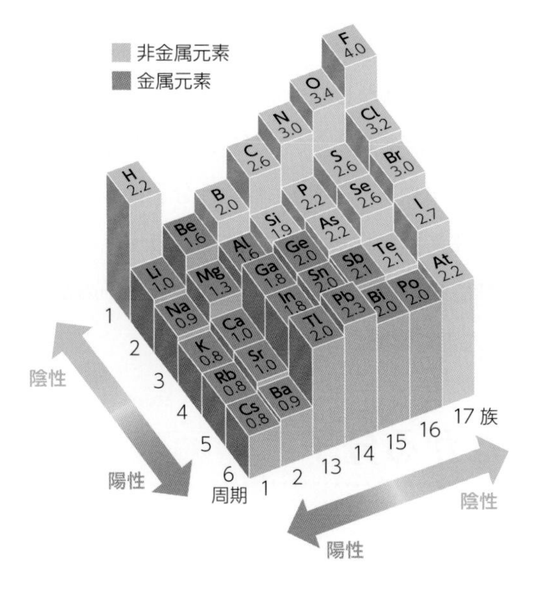

図2-5　元素の電気陰性度と陽性/陰性

元素の電気陰性度は，周期表で右上にある元素ほど大きくなっています（希ガスを除く）．陰性（1章2-3）が強い元素は電気陰性度も大きい傾向にあります．

▶極性

原子間で電気陰性度の差が大きいと，共有電子対が電気陰性度の大きい原子の方に強く引き付けられます．例えば，塩化水素HClの場合，水素$_{1}$Hよりも塩素$_{17}$Clの電気陰性度がかなり大きいため，共有電子対は塩素原子Clの方へ偏っています（図2-5，表2-3）．そのため，塩素原子Clには部分的にわずかに負の電荷があり（δ−（デルタマイナス）），水素原子Hには部分的にわずかに正の電荷があります（δ+（デルタプラス））※3．このように，共有電子対がどちらかの原子に偏ることによって，分子内に電荷の偏りがある状態を**極性**があるといいます．極性のある分子は**極性分子**とよばれます※4．

※3　δ：「わずかな」という意味を示しています．わずかな正の電荷をδ+，わずかな負の電荷をδ−で示します．

● 極性＝polarity
● 極性分子＝polar molecule

※4　電気陰性度と化学結合：電気陰性度の差（電荷の偏り）がさらに大きくなると，基本的にはイオン結合となります．

一方，水素H_2の場合は，同じ元素の共有結合のため，原子間に電気陰性度の差はありません（表2-3）．そのため，共有電子対は原子間の中央に位置し，分子内には電荷の偏りはありません．また，二酸化炭素CO_2やメタンCH_4の場合は電荷の偏りが対称的なため，分子全体として見た場合に電荷の偏りがない状態であるとみなします．このように，分子内に電荷の偏りがない分子は**無極性分子**とよばれます．

● 無極性分子＝nonpolar molecule

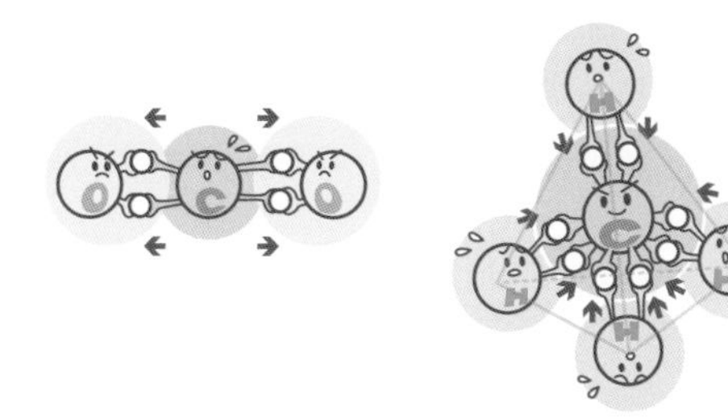

生理的な作用への影響 生化学 生理学

極性分子同士，無極性分子同士はなじみやすく，極性分子と無極性分子はなじみにくいという性質があります．水 H_2O は極性分子のため，極性分子は水になじみやすく（水溶性），無極性分子は水になじみにくい（脂溶性）という性質があります．生体の約60％は水であり，有機化合物の極性は細胞膜の通りやすさ●，血液中の分子のかたち●など，生理的な作用に大きく影響しています．

●細胞膜の通りやすさ　→6章3-3
●血液中の分子のかたち　→6章3-4，6章4-6

3. 弱い力でつながる分子

分子間力

分子間に働く比較的弱い力をまとめて**分子間力**●とよびます．ここでは，極性とかかわりがある2種類の分子間力について紹介します．

●分子間力＝intermolecular force

水素結合とDNA 生化学

1つ目は**水素結合**●です．水素結合とは，窒素 $_7N$，酸素 $_8O$，フッ素 $_9F$ などの電気陰性度の大きい原子と水素原子との間に形成される比較的弱い結合のことで，さまざまな物質の立体構造に影響します．DNAの二重らせん構造●にも分子間の水素結合がかかわっています．また，大きな分子の場合は，分子内に水素結合がみられる場合もあります．タンパク質の立体構造●は，同じ分子内の原子間の水素結合によって支えられています．

●水素結合＝hydrogen bond

●DNAの二重らせん構造　→6章5-4
●タンパク質の立体構造　→6章4-6

ファンデルワールス力

2つ目はファンデルワールス力●です．ファンデルワールス力とはすべての分子間に働く弱い引力のことです．すべての分子において，動き回る電子の瞬間的な配置によって生じるわずかな電荷の偏りがファンデルワールス力の源になります．極性の有無にかかわらず働きますが，極性分子間ではより強い引力が働きます．また，分子の質量によっても強さが異なり，分子に含まれる原子に重いものが多いほど（分子量●が大きいほど）ファンデルワールス力は強くなります．

●ファンデルワールス力＝van der Waals force

●分子量　→3章1-2

4. 分子からなる物質の特徴は？

イオンからなる物質との違い

分子からなる物質は，イオンからなる物質よりも融点や沸点が低い傾向があります．たとえば，常温常圧では水素H_2や二酸化炭素CO_2は気体，水H_2OやエタノールC_2H_6Oは液体の状態で存在します．これは，イオンからなる物質ではイオン間に大きな力が働いているのに対して，分子からなる物質では分子間に働いている力（分子間力）が弱いためです．ただし，分子からなる物質でもグルコース（ブドウ糖）$C_6H_{12}O_6$やスクロース（ショ糖）$C_{12}H_{22}O_{11}$のような大きな分子では，分子間に働く力が大きくなるため固体になります．また，分子は電気的に中性のため，電気を導きません※5．

※5　高分子の荷電：核酸（DNAやRNA）は，緩衝液中ではマイナスに帯電しています．

高分子化合物

有機化合物●では分子が次々と結合（重合）して高分子化合物となる場合があります．たとえば，エチレンC_2H_4は触媒存在下でエチレン同士が結合します※6．この反応が次々と起こり，分子同士が長くつながると大きな分子，ポリエチレン（PE）となります（付加重合）．このとき，材料であるエチレンをモノマー●，高分子化合物であるポリエチレンをポリマー●とよびます※7．飲み物の容器として使われるペットボトルの材料であるポリエチレンテレフタレート（PET）はエチレングリコール$C_2H_6O_2$とテレフタル酸$C_8H_6O_4$を原料としています．これらを反応させると，エチレングリコール$C_2H_6O_2$からH，テレフタル酸$C_8H_6O_4$からOHがとれて，残りの部分で共有結合をつくります（**脱水縮合**）※8．この反応が次々と起こり，分子同士が長くつながり，大きな分子，PETとなります（縮合重合）．

●有機化合物　→6章1

※6　触媒（catalyst）：自身は反応の前後で変化せず，反応速度を変化させる物質を触媒とよびます．

●モノマー＝monomer

●ポリマー＝polymer

※7　モノマーとポリマー：モノ（mono）は「1」，ポリ（poly）は「多数」を意味しています．このほかにも，2つつながったダイマー〔dimer（di＝2）〕，少数（2～9程度）繋がったオリゴマー〔oligomer（oligo＝少数）〕などのよび方もあります．

※8　脱水縮合：分子間で簡単な物質がとれることによって共有結合が生じる反応を縮合とよびます．HとOHでH_2Oになりますね．水H_2Oがとれる脱水縮合は生体内でもみられる反応です．

PET
ボトル

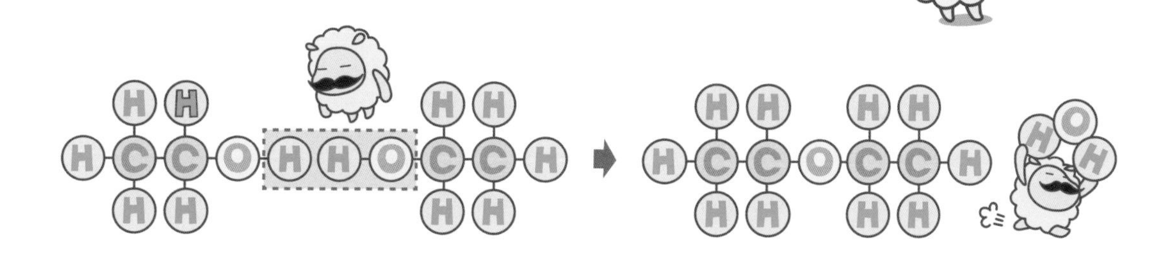

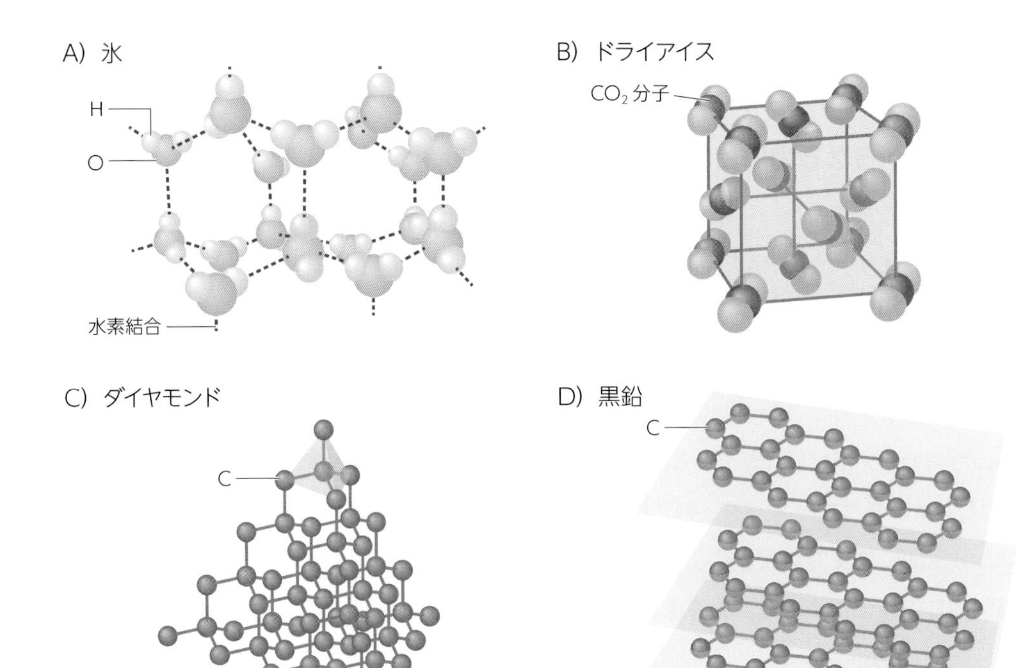

図2-6　分子結晶（A, B）と共有結合の結晶（C, D）

A）氷 H_2O は分子間に水素原子Hと酸素原子Oによる水素結合があり，隙間の多い立体構造をとるため，一般的な物質とは異なり，水（液体）よりも体積が大きくなります．B）ドライアイス CO_2 は分子間の結びつきが弱く，昇華しやすい性質があります．C）ダイヤモンドCは，炭素原子が4個の価電子で他の4個の炭素原子と共有結合し，他の正四面体型の立体構造がくり返された形をしています．D）黒鉛Cは，炭素原子が3個の価電子で他の3個の炭素原子と共有結合し，網目状の平面構造がくり返される構造をしています．層の間の結びつきは弱く，ずれやすいため，柔らかくはがれやすい性質をもちます．また，4個目の価電子が平面構造のなかを自由に動くため，共有結合の結晶ではめずらしく電気伝導性があります．

▶分子結晶

● 分子結晶＝molecular crystal

分子が規則正しく配列している固体を**分子結晶**とよびます．分子結晶の例として水（氷）H_2O，二酸化炭素（ドライアイス）CO_2，ヨウ素 I_2，グルコース $C_6H_{12}O_6$ などがあります（図2-6A, B）．一般的に分子結晶はやわらかく，融点が低い傾向があります．CO_2 や I_2 は無極性分子のためファンデルワールス力が弱く，昇華しやすい性質があります．

● 昇華　→1章1-2

共有結合の結晶

原子が共有結合する際，小さい単位をつくらずに多数の原子が次々に結びついて結晶をつくる場合があります．このような巨大分子ともいえる結晶は，**共有結合の結晶**とよばれ，イオン結晶と同様に組成式で示されます．共有結合の結晶は化学的に安定で，一般的に融点が高く，きわめて硬く，電気を通しにくい性質があります．代表的な共有結合の結晶には，ダイヤモンドと黒鉛（ともに組成式Cの同素体●），ケイ素の単体（組成式Si），二酸化ケイ素（組成式SiO_2）などがあります（図2-6C，D）．黒鉛は例外的に柔らかく，電気を通す性質があります．

●同素体　→1章1-1

フリーラジカル 生化学

不対電子をもつ原子，分子，イオンのことをフリーラジカル（free radical）とよびます．不対電子をもつ粒子は非常に不安定で，他の粒子から電子を受けとる〔他の粒子を酸化（4章2-1）する〕ことで安定化します．生体内では，DNAの塩基配列の変化や染色体の構造変化（突然変異）もタンパク質の構造変化（変性）の原因となります．フリーラジカル生成の原因の1つに放射線があります．放射線が細胞内の水分子の共有結合を切断することで，水素ラジカルと水酸化ラジカルが生じる場合があるとされています．

練 習 問 題

ⓐ 原子間の結びつき (→表2-3)

❶ 原子間で価電子を共有してできる結びつきを何とよぶか答えてください.

❷ 価電子を元素記号の周りに黒点「・」で示す化学式を何とよぶか答えてください.

❸ 原子間の1組の共有電子対を1本の線（価標）で示す化学式を何とよぶか答えてください.

❹ 物質を構成する元素の種類と原子の数を示す化学式を何とよぶか答えてください.

❺ アンモニアの分子式と構造式を答えてください.

ⓑ 電子を引きつける力 (→表2-3)

❶ 元素によって異なる，原子が電子を引き付ける力の強さを何とよぶか答えてください.

❷ 下記の分子のなかから無極性分子をすべてあげてください.

H_2，HCl，H_2O，CO_2，NH_3，CH_4，CH_3Cl，H_2S，Cl_2，HF，CCl_4

ⓒ 分子間に働く力

❶ 分子間に働く比較的弱い力の総称を答えてください.

❷ 窒素N，酸素O，フッ素Fなどの電気陰性度の大きい原子と水素原子との間の結びつきを何とよぶか答えてください.

❸ すべての分子間に働く弱い引力を何とよぶか答えてください.

ⓓ 分子からなる物質の特徴 (→図2-6)

❶ 分子が規則正しく配列している固体を何とよぶか答えてください.

❷ 多数の原子が共有結合によって次々に結びついた結晶を特に何とよぶか答えてください.

❸ 下記の物質が❶と❷のどちらに当てはまるか答えてください.

①氷 H_2O　②ダイヤモンド C　③黒鉛 C　④ドライアイス CO_2

練習問題の　解　答

ⓐ ❶ 共有結合

❷ 電子式

❸ 構造式

❹ 分子式

❺ 分子式：NH_3　構造式：

$$\begin{array}{c} H-N-H \\ | \\ H \end{array}$$

元素記号で物質の組成や構造を示す式の総称を化学式とよびます．化学式には，イオン式，組成式，分子式，電子式，構造式，示性式などがあります．構造式の書き方は**表2-2**と**表2-3**で確認しておきましょう．

ⓑ ❶ 電気陰性度

❷ H_2，CO_2，CH_4，Cl_2，CCl_4

原子間の電気陰性度の違いにより共有電子対がどちらかの原子に偏ることで分子内に電荷の偏りがある状態を極性とよびます．無極性分子と極性分子を見分ける際は**表2-3**に記載してある分子模型を描けるかどうかがポイントとなります．メタンCH_4は電荷の偏りが打ち消されているため無極性分子とみなします．クロロメタンCH_3Clでは電荷のバランスが崩れ，分子内に電荷の偏りが生じます．硫化水素H_2Sは，水H_2Oと同じ折れ線形であり，電荷の偏りが生じるので，極性分子です．塩素Cl_2は，同じ元素間の共有結合のため，原子間に電気陰性度の差はなく，無極性分子となります．フッ化水素HFは，異なる元素間の共有結合のため，極性分子となります．四塩化炭素CCl_4は，メタンCH_4と同じ正四面体形であり，電荷の偏りが打ち消されているため無極性分子とみなします．

c ❶ 分子間力

❷ 水素結合

❸ ファンデルワールス力

分子間に働く比較的弱い力をまとめて分子間力とよびます．水素結合はDNAの二重らせん構造，タンパク質の立体構造を支えています．ファンデルワールス力は極性分子間，分子量の大きい分子間ではより強力になります．

d ❶ 分子結晶

❷ 共有結合の結晶

❸ ①❶　②❷　③❷　④❶

氷とドライアイスは分子結晶，ダイヤモンドと黒鉛は共有結合の結晶となります．ドライアイスは分子間のつながりが弱く，昇華しやすい性質があります．ダイヤモンドと黒鉛は互いに同素体でもあります．

3. 金属同士の結びつき，金属結合

学習のポイント！

- 金属結合と金属結合でできている物質の特徴について理解しよう

重要な用語

自由電子

金属結晶内の価電子のこと．結晶内のすべての原子に共有される形で自由に結晶中を動き回ることができ，金属の特徴的な性質の元となる．

金属結合

自由電子による金属同士の結合．

化学結合

イオン結合，共有結合，金属結合などの原子同士の結びつきの総称．

1. 金属同士の結びつき

金属結合

●金属結晶＝metallic crystal

●イオン結晶 →2章1-2
●組成式 →2章1-2

金属は，多数の原子が次々に結合し，**金属結晶**●となっています．金属結晶はイオン結晶●と同様に組成式●で示します．金属は陽性が強いために価電子が原子から離れやすく，結晶内のすべての原子に共有される形で自由に結晶中を動き回ることができます．このような電子を**自由電子**●，自由電子による金属結合同士の結合を**金属結合**●とよびます．

●自由電子＝free electron
●金属結合＝metallic bond

金属結晶

金属結晶は，自由電子が金属原子同士を結びつけているため，外部からの力を受けると原子の層が滑るように動いて変形します．この変形する性質について，叩くと薄く広がる性質を**展性**（てんせい）●，引き延ばすと長く延びる性質を**延性**（えんせい）●とよびます．自由電子は結晶中を移動して熱や電気をよく伝えます※1．また，金属結晶では，自由電子の作用により外部からの光が反射され，金属光沢とよばれる特有の光沢がみられます．

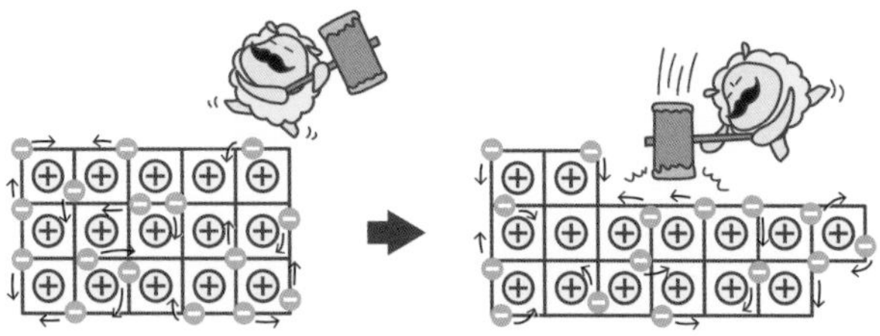

●展性＝malleability

●延性＝ductility

※1 導体（conductor）：電気を導く物質を導体，電気をほとんど導かないものは絶縁体（insulator，不導体）と呼ばれます．中間的な性質をもつものは半導体（semi-conductor）とよばれます．

表2-4　化学結合のまとめ

結合の種類		構成元素など	構成粒子	物質の例	化学式	結晶の分類	結晶の融点	結晶の硬さ	結晶の電気伝導性	結合の強さ
化学結合	共有結合	非金属－非金属	原子	ダイヤモンドC	組成式	共有結合の結晶	非常に高い	非常に硬い	なし	強い
			分子	二酸化炭素 CO_2	分子式	分子結晶	低い	柔らかく，砕けやすい	なし	↑
	イオン結合	金属－非金属	イオン	塩化ナトリウム NaCl	組成式	イオン結晶	高い	硬くてもろい	なし	
	金属結合	金属－金属	原子	銅 Cu	組成式	金属結晶	高いものが多い	硬軟さまざまで展性，延性に富む	あり	
分子間力	水素結合	H－F，O，N など	分子	水 H_2O，DNA，タンパク質	－	－	－	－	－	
			原子	タンパク質分子内	－	－	－	－	－	↓
	ファンデルワールス力	分子－分子	分子	全ての分子	－	－	－	－	－	弱い

化学結合の一般的な性質についてまとめました．結合の強さは物質の融点，硬さ，電気伝導性に影響します．結合が強いほど原子や分子の熱運動（1章1-2），電子の移動が制限されるため，融点が高く，硬く，電気を導きにくくなる傾向があります．共有結合の結晶について，黒鉛は例外的に電気伝導性があり，柔らかくはがれやすい性質があります．また，共有結合からなる物質は水溶液では電気を導くものもあります．イオンからなる物質は，液体の状態や水溶液には電気伝導性があります．金属結合の結合の強さ，結晶の融点には幅があります．

2. 結びつきはまとめて化学結合とよぶ

2章で学んだイオン結合，共有結合，金属結合などの原子同士の結びつきをまとめて**化学結合**とよびます※2．化学結合と結晶の特徴については**表2-4**にまとめましたので，しっかりと確認しておいてください．

※2　化学結合（chemical bond）：ファンデルワールス力や水素結合なども原子間の結びつきにかかわるため，化学結合に含める場合があります．

練習問題

ⓐ 金属同士の結びつきと金属の特徴

❶ 金属結晶の物質はどの化学式で示されるか答えてください.

❷ 金属結晶中の価電子を特に何とよぶか答えてください.

練習問題の　解　答

ⓐ ❶ 組成式

❷ 自由電子

金属結晶は多数の原子が次々に結合しているため，組成式で示します．金属結晶内の価電子はすべての原子に共有される形で自由に結晶中を動き回ることができるため，特に自由電子とよばれます．

1. 原子量，分子量，式量

- 原子量の求め方について理解しよう
- 分子量と式量が示す内容について理解しよう

重要な用語

相対質量

^{12}C を基準（12）としてあらわす質量のこと．単位はない．

原子量

元素を構成する原子の相対質量の平均値．元素ごとに決まっている．単位はない．

分子量

分子式の式中に含まれる原子量の合計．単位はない．

式量

イオンや金属を示すイオン式や組成式の式中に含まれる原子量の合計．単位はない．イオンの符号や価数は無視する．金属の単体の場合は原子量と同じ値となる．

1. 原子はそのままだと計算しにくい

原子の質量

原子の質量はとても小さく，例えば，炭素原子1個の質量は2.0×10^{-23} gほどで，そのままでは小さすぎて計算をしたりするのにとても扱いにくい状態です．そこで，質量数●が12である炭素原子（^{12}C）1個の質量をわかりやすく**12**とし，これを基準として他の原子の質量を考える場合があります．炭素原子^{12}Cを基準としてあらわす質量を**相対質量**（相対原子質量）とよび，もともとの実際の質量を**絶対質量**とよびます．

●質量数 →1章2-1

それでは，水素原子^{1}H 1個の相対質量を計算してみましょう．水素原子^{1}Hの絶対質量は0.167×10^{-23} g，炭素原子^{12}Cの絶対質量は1.993×10^{-23} gです．水素原子^{1}Hの絶対質量が炭素原子^{12}Cの絶対質量に対してどのくらいの大きさかを計算してみる（比を求める）と，$\frac{0.167 \times 10^{-23}\ g}{1.993 \times 10^{-23}\ g} \fallingdotseq 0.084$倍となります．相対質量は，$^{12}C$原子1個を12とするので，$^{1}H$原子1個の相対質量は$12 \times 0.084 = 1.008$，およそ**1**となります．つまり，これは$^{12}C$原子1個と，$^{1}H$原子12個が同じ質量になることを意味します．比を求める計算では，分母（下）と分子（上）の両方にg（グラム）の単位があるので，相対質量に**単位はない**ことに注意してください．また，相対質量は，ほぼ質量数と同じ値になります．

原子量

自然界の多くの元素●には同位体●が存在しており，同じ元素でも質量数の異なるものがあります（**表1-1**参照）．炭素Cの場合，自然界に存在する割合は^{12}Cが98.9％，^{13}Cが1.1％となっています（**表3-1**）．これを存在比といいます．それぞれの同位体の相対質量とその存在比から，その元素を構成する原子の相対質量の平均値を計算したものを**原子量**●とよびます（**表3-1**）．原子量は，それぞれの同位体の相対質量に，その存在比をかけたものを合わせた平均値となります．

●元素 →1章1-1
●同位体 →1章2-1
●原子量＝atomic weight

それでは，炭素Cの原子量を考えてみましょう．炭素Cのうち，^{12}Cの相対質量は基準となっている12で，その存在比は98.9％，^{13}Cの相対質量は13で，その存在比は1.1％です．そのため，炭素Cの

表3-1　原子量

元素	同位体	原子1個の絶対質量	原子1個の相対質量	存在比（%）	原子量［概数値］
水素 $_{1}H$	$^{1}_{1}H$	0.16735×10^{-23}	1.0078	99.99	1.008［1］
	$^{2}_{1}H$	0.33445×10^{-23}	2.0141	0.01	
炭素 $_{6}C$	$^{12}_{6}C$	1.9926×10^{-23}	12（基準値）	98.9	12.01［12］
	$^{13}_{6}C$	2.1593×10^{-23}	13.003	1.1	
窒素 $_{7}N$	$^{14}_{7}N$	2.3253×10^{-23}	14.003	99.6	14.00［14］
	$^{15}_{7}N$	2.4908×10^{-23}	15.000	0.4	
酸素 $_{8}O$	$^{16}_{8}O$	2.6560×10^{-23}	15.995	99.86	16.00［16］
	$^{17}_{8}O$	2.8228×10^{-23}	16.999	0.04	
	$^{18}_{8}O$	2.9888×10^{-23}	17.999	0.2	
ナトリウム $_{11}Na$	$^{23}_{11}Na$	3.8175×10^{-23}	22.990	100	22.99［23］
塩素 $_{17}Cl$	$^{35}_{17}Cl$	5.8067×10^{-23}	34.969	75.8	35.45［35.5］
	$^{37}_{17}Cl$	6.1383×10^{-23}	36.966	24.2	

相対質量は，質量数とほぼ同じ値となります．原子量は，0.5刻みの大体の値［概数値］で示す場合もあります．

原子量は，$(12 \times 98.9\,\%) + (13 \times 1.1\,\%) = \left(12 \times \frac{98.9}{100}\right) + \left(13 \times \frac{1.1}{100}\right) \fallingdotseq 11.868 + 0.143 \fallingdotseq 12.01$ となります．原子量は，原子の相対質量の平均値のため単位はありません．

2. 分子やイオン，金属の質量はどう考える？

分子量

●分子量＝molecular weight
●分子式　→2章2-1

分子の質量を考える場合にも，原子量を使って考えます．分子の相対質量は，**分子量**●といい，分子式●に含まれる各元素の原子量の合計です（**表3-2**）．例として，水分子 H_2O の分子量を求めてみましょう．**表3-1** より水素Hの原子量は1，酸素Oの原子量は16なので，水分子 H_2O の分子量は（水素Hの原子量×2）＋（酸素Oの原子量×1）＝$(1 \times 2) + (16 \times 1) = 2 + 16 = 18$ となります．分子量は，原子量の合計なので単位はありません．

表3-2　分子式と分子量

物質名	分子式	分子量
水素	H_2	2
酸素	O_2	32
水	H_2O	18
二酸化炭素	CO_2	44
メタン	CH_4	16
アンモニア	NH_3	17
グルコース	$C_6H_{12}O_6$	180

分子式に含まれる各元素の原子量の合計が分子量です．

表3-3　式量

物質名	イオン式	式量
水素イオン	H^+	1
ナトリウムイオン	Na^+	23
マグネシウムイオン	Mg^{2+}	24
水酸化物イオン	OH^-	17
塩化物イオン	Cl^-	35.5
炭酸水素イオン	HCO_3^-	61

イオン式で示される物質の場合，式に含まれる原子量の合計が式量になります．電子は非常に軽いため，イオンの符号や価数は無視して考えます．

物質名	組成式	式量
炭素（単体）	C	12
ナトリウム（単体）	Na	23
マグネシウム（単体）	Mg	24
水酸化ナトリウム	NaOH	40
塩化ナトリウム	NaCl	58.5
炭酸水素ナトリウム	$NaHCO_3$	84

組成式で示される物質の場合，式に含まれる原子量の合計が式量になります．

▶式量

イオンや金属など，イオン式●や組成式●であらわされる物質についても原子量を利用する場合があります．イオン式や組成式のなかに含まれる原子量の合計は**式量**●とよばれます（**表3-3**）．電子の質量は陽子や中性子の質量に比べて非常に小さいため，質量数と同様に，式量ではイオンの符号や価数は無視します．例えば，ナトリウムイオンNa^+（イオン式）とナトリウムの単体●Na（組成式）の式量はともに23となります．金属の単体については，原子量と式量が同じ値となります※1．式量も，原子量の合計のため単位はありません．

●イオン式　→1章2-3
●組成式　→2章1-2

●式量＝formula weight

●単体　→1章1-1

※1　金属の式量：例えば，ナトリウムNaやマグネシウムMgなどの場合は，元素（元素記号：Na，Mg）の原子量，イオン（イオン式：Na^+，Mg^{2+}）の式量，単体（組成式：Na，Mg）の式量がすべて同じ（ナトリウムNaは23，マグネシウムMgは24）になります．

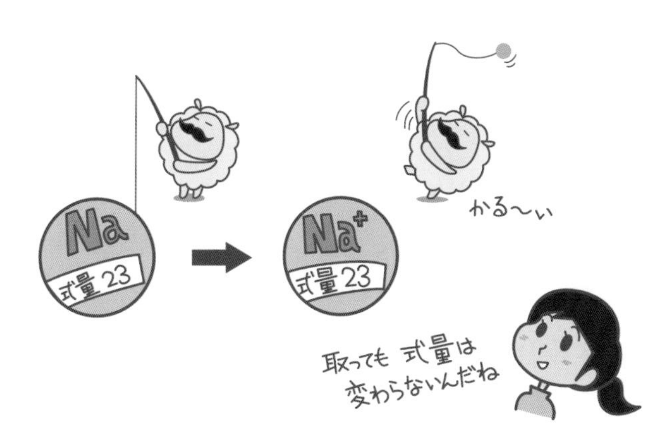

練習問題

ⓐ 原子

^{12}Cの絶対質量を1.99×10^{-23} gとして以下の問題に答えてください．計算結果は概数値（0.5刻み）で示してください．

❶ ^{16}Oの絶対質量を2.66×10^{-23} gとして，^{16}Oの相対質量を計算してください．

❷ ^{23}Naの絶対質量を3.82×10^{-23} gとして，^{23}Naの相対質量を計算してください．

❸ ^{35}Clの相対質量を35.0，その存在比を76％，^{37}Clの相対質量を37.0，その存在比を24％とします．$_{17}Cl$の原子量を計算してください．

❹ ^{63}Cuの相対質量を63.0，その存在比を69％，^{65}Cuの相対質量を65.0，その存在比を31％とします．$_{29}Cu$の原子量を計算してください．

ⓑ 分子量と式量

原子量は次の値を使用してください．H＝1，C＝12，N＝14，O＝16，Na＝23，Cl＝35.5

❶ 次の分子式で示される物質の分子量を答えてください．

①水素H_2　②酸素O_2　③塩化水素HCl　④水H_2O

⑤アンモニアNH_3　⑥四塩化炭素CCl_4

❷ 次のイオン式で示される物質の式量を答えてください．

①水素イオンH^+　②ナトリウムイオンNa^+　③塩化物イオンCl^-

④水酸化物イオンOH^-　⑤アンモニウムイオンNH_4^+　⑥炭酸イオンCO_3^{2-}

❸ 次の組成式で示される物質の式量を答えてください．

①ナトリウム（単体）Na　②水酸化ナトリウムNaOH　③塩化ナトリウムNaCl

④炭酸H_2CO_3　⑤炭酸水素ナトリウム$NaHCO_3$

練習問題の 解 答

ⓐ ❶ 16

❷ 23

❸ 35.5

❹ 63.5

各問の計算式は下の通りになります．❶，❷の計算結果からわかるように，質量数と相対質量はほぼ同じ値となります．❸，❹では，原子1個当たりの相対質量の平均値を計算しています．例えば$_{17}$Clの場合，相対質量35.0の存在比が16％，相対質量37.0の存在比が24％なため，原子1個の相対質量の平均値（原子量）は35.5となります．

❶ $\dfrac{2.66 \times 10^{-23}\,\mathrm{g}}{1.99 \times 10^{-23}\,\mathrm{g}} = \dfrac{2.66}{1.99} \fallingdotseq 1.34$ 倍，$12 \times 1.34 = 16.08 \fallingdotseq 16$

❷ $\dfrac{3.82 \times 10^{-23}\,\mathrm{g}}{1.99 \times 10^{-23}\,\mathrm{g}} = \dfrac{3.82}{1.99} \fallingdotseq 1.92$ 倍，$12 \times 1.92 = 23.04 \fallingdotseq 23$

❸ $\left(35.0 \times \dfrac{76}{100}\right) + \left(37.0 \times \dfrac{24}{100}\right) = 26.6 + 8.88 = 35.48 \fallingdotseq 35.5$

❹ $\left(63.0 \times \dfrac{69}{100}\right) + \left(65.0 \times \dfrac{31}{100}\right) = 43.47 + 20.15 = 63.62 \fallingdotseq 63.5$

ⓑ ❶ ①2　②32　③36.5　④18　⑤17　⑥154

❷ ①1　②23　③35.5　④17　⑤18　⑥60

❸ ①23　②40　③58.5　④62　⑤84

各問の計算式は下の通りになります．分子式で示される物質には分子量，イオン式や組成式で示される物質には式量を使います．イオンの式量については，数値を求める際に符号や価数を無視します．

❶ ①$1 \times 2 = 2$，②$16 \times 2 = 32$，③$1 + 35.5 = 36.5$，④$(1 \times 2) + 16 = 18$，
⑤$14 + (1 \times 3) = 17$，⑥$12 + (35.5 \times 4) = 154$

❷ ④$16 + 1 = 17$，⑤$14 + (1 \times 4) = 14 + 4 = 18$，⑥$12 + (16 \times 3) = 60$
※①，②，③については原子量がそのままイオンの式量となります．

❸ ②$23 + 16 + 1 = 40$，③$23 + 35.5 = 58.5$，
④$(1 \times 2) + 12 + (16 \times 3) = 2 + 12 + 48 = 62$，⑤$23 + 1 + 12 + (16 \times 3) = 84$
※①については原子量がそのまま単体の式量となります．

2. 物質量と化学反応式

- アボガドロ数と物質量の関係について理解しよう
- 原子量，分子量，式量とモル質量の関係について理解しよう
- 質量や体積から物質量を求める方法について理解しよう
- 化学反応式のつくりかたについて理解しよう

重要な用語

アボガドロ数

12 gの炭素原子^{12}Cに含まれる炭素原子の数のこと．約6.02×10^{23}個．

物質量

mol（モル）を単位とする物質の量．6.02×10^{23}個（アボガドロ数）の粒子の量を1 molとする．

モル質量

物質1 mol当たりの質量のこと．単位はg/mol．原子量，分子量，式量と同じ数になる．

モル体積

物質1 mol当たりの体積のこと．単位はL/mol．標準状態（0℃，1気圧）では気体の種類にかかわらず22.4 L/molとなる．

モル濃度

溶液中に含まれる溶媒の割合を体積（L）と物質量（mol）を使ってあらわしたもの．単位はmol/L．

化学反応式

化学式を使って化学反応を示した式のこと．化学反応の前後で原子の種類や数は変わらないため，それぞれの化学式の前に係数をつけて，反応物（左辺）と生成物（右辺）で原子の数が等しくなるようにする．

1. 原子の量はどう示す？

物質量

原子はそれぞれ重さが異なるため，化学変化による量の変化を正確にあらわすには個数で示した方が便利です．しかし，原子一つひとつは非常に軽く，例えば炭素原子（^{12}C）12 gに含まれる炭素原子の数は約6.02×10^{23}個とものすごく大きな数で，これを使うのも不便です．そのため，基準を決めてまとまった数をひとかたまりとする方法が考えられました．それが**物質量**●で，単位として**mol**（モル）を使います※1．相対質量の基準にも使われている炭素原子（^{12}C）12 gに含まれる炭素原子の数の**6.02×10^{23}個**を基準とし，この数を**アボガドロ数**●といいます（1 mol当たりの粒子の数6.02×10^{23}/molを**アボガドロ定数**●とよびます）．つまり，アボガドロ数をひとかたまりにした物質の量が物質量で，そのひとかたまりを1 molとしてあらわします．本項では，この1 mol（ひとかたまり）を6.02×10^{23}個とする考え方をもとに，物質の質量，体積，濃度，そして化学反応式について考えていきます．

● 物質量＝amount of substance

※1　数のまとめかた：物質量と似たような考え方をしている身近な例として「ダース」や「合」などがあります．「ダース」は12個の同じものの集まりのことで，飲み物の箱や鉛筆の箱では1ダースとして12本が1セットになっている場合が多くみられます．「合」はお米のまとまりを示す単位です．お米を1粒1粒数えるのは大変ですが，1合がどのくらいの量かわかっていると非常に便利です．

モル質量

物質1 mol当たりの質量は原子量，分子量，式量にgを付けたものになります．つまり，原子や分子6.02×10^{23}個分の質量が，原子量や分子量の数字となります．この1 mol当たりの質量は**モル質量**●とよばれ，単位は**g/mol**で示されます．例えば炭素Cは原子量が12のため，モル質量も12（g/mol），酸素分子O_2は分子量が32のためモル質量も32（g/mol）のようになります．

● アボガドロ数＝Avogadro's number
● アボガドロ定数＝Avogadro's constant
● モル質量＝molecular weight

物質量とモル質量の具体例

続けて，さまざまな物質について物質量とモル質量を詳しく見ていきましょう（**表3-4**）．イオンからなる物質について，塩化ナトリウムNaClの結晶を考えてみましょう．塩化ナトリウムの式量はNaCl＝23＋35.5＝58.5のため，モル質量は58.5 g/molとなります．また，1 molのNaClには，ナトリウムイオンNa^+と塩化物イオンCl^-が1 molずつ含まれています．

分子からなる物質について，水H_2Oを考えてみましょう．水の分

表3-4　さまざまな物質のモル質量

	塩化ナトリウム NaCl	水 H_2O	ダイヤモンド C
物質の構成	Na^+ Cl^-	H O H	C
物質の質量	9.7×10^{-23} g	3.0×10^{-23} g	2.0×10^{-23} g
式量または分子量	23(Na) + 35.5(Cl) = 58.5(NaCl)	1(H) × 2 + 16(O) = 18	12
モル質量	58.5 g/mol	18 g/mol	12 g/mol
1 mol 当たりの粒子数	Na^+ Cl それぞれ 6.02×10^{23} 個	H O H 6.02×10^{23} 個	C 6.02×10^{23} 個

どの粒子も1 mol当たりの粒子数は同じで6.02×10^{23}個です．1 mol当たりの質量（g）はモル質量（g/mol）とよばれ，原子量，分子量，式量と同じ数字になります．参考文献1をもとに作成．

子量は$H_2O = (1 \times 2) + 16 = 18$のため，モル質量は18 g/molとなります．また，1 molの水分子H_2Oには，水素原子Hが2 mol，酸素原子Oが1 mol含まれています．

共有結合の結晶や金属結晶については，ダイヤモンドCを考えてみましょう．ダイヤモンドの式量はC = 12のため，モル質量は12 g/molとなります．1 molのダイヤモンドCには，炭素原子Cが1 mol含まれています．

2. 物質量と気体の体積の関係

▶アボガドロの法則とモル体積

● アボガドロの法則 = Avogadro's law

● 1気圧 = 1 atm, 1,013 hPa = 1.013×10^5 Pa

● 標準状態 = standard state

物質量と気体の体積を考える場合，**アボガドロの法則**●を理解しておく必要があります．アボガドロの法則は「同じ温度・同じ気圧のときには，気体の種類にかかわらず，同じ体積の気体には同じ数の粒子が含まれる」というものです．このままでは複雑なので，少し整理して説明しましょう．気体の体積は，体積に影響する条件を揃えて比較すると便利です．その基準として，温度が0℃，気圧が1気圧●の**標準状態**●とよばれる条件がよく使われます．「標準状態で」という条件を加えると，同じ温度・同じ気圧であるため，アボガドロの法則から気体はどの物質（分子）でも体積（L）が同じであればそこに含まれている粒子数（mol）は同じであるということができます．具体的には，標準状態（0℃，1気圧）で1 mol（6.02×10^{23}個）当たりの気体の体積は約22.4 Lとなります（22.4 L/mol）．これを気体の**モル体積**とよびます．

気体の体積から物質量を求める

気体のモル体積が標準状態で22.4 L/molであることから，気体の体積（L）がわかれば気体の物質量（mol）もわかることになります．

$$\frac{\text{気体の体積(L)}}{22.4\text{(L/mol)}} = \text{物質量(mol)}$$

例えば，標準状態で224 Lの酸素O_2の物質量は$\frac{224\text{(L)}}{22.4\text{(L/mol)}} =$ 10 molとなります．アボガドロの法則より，標準状態では気体の種類にかかわらずモル体積（22.4 L/mol）は同じなので，例えば224 Lの水素H_2でも，224 Lの窒素N_2でも，224 Lの物質量はすべて10 molとなります．

密度

単位体積当たりの質量は密度●とよばれ，単位はg/Lで示されます．

●密度＝density

$$\text{気体の密度(g/L)} = \frac{\text{モル質量(g/mol)}}{22.4\text{(L/mol)}}$$

例えば水素H_2の場合1 mol当たりの質量は2 g（モル質量：2 g/mol）のため，気体の密度$= \frac{2\text{(g/mol)}}{22.4\text{(L/mol)}} \fallingdotseq 0.089\text{(g/L)}$となります．

物質量と粒子数，質量，気体の体積の関係については図3-1にまとめたので，しっかりと確認しておいてください．

粒子の数
6.02×10^{23} 個
＝
物質量
1 mol
＝
気体の体積（標準状態）
22.4 L

||

質量
原子量・分子量・式量に
gをつけたもの

図3-1　物質量（1 mol）と粒子数，質量，体積の関係
1 molと粒子数，質量，体積の間には図のような関係が成り立っています．1 molは6.02×10^{23}個の原子，分子，イオンなどの個数を示します（アボガドロ定数＝6.02×10^{23}個/mol）．1 mol当たりの質量〔モル質量（g/mol）〕は粒子の種類によって異なり，原子量・分子量・式量に「g」をつけたものになります．1 mol当たりの気体の体積〔モル体積（L/mol）〕は標準状態では22.4 Lで，粒子の種類にかかわらず一定です．これらから，気体1 L当たりの粒子の質量〔気体の密度（g/L）〕を，モル質量(g/mol) / 22.4(L/mol) で求めることができます．

3. 物質量と溶液の濃度の関係

溶液の濃度については，質量（g）のほかに物質量（mol）を使って表す場合があります．医療現場で使われる生理食塩水※2を例に説明していきましょう．

※2　生理食塩水の用途：生理的食塩水，生理的塩類溶液ともよばれ，薬剤の溶媒や失血時，ナトリウムNa欠乏時，塩素（クロール）Cl欠乏時の注射剤（静脈注射または点滴静注）として使用されます．

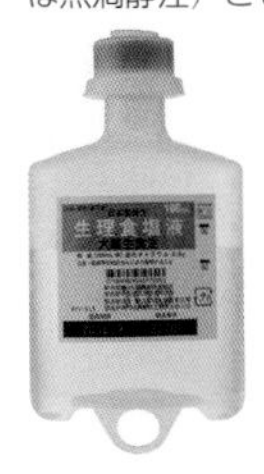

大塚生食注100 mL
（株式会社大塚製薬工場）

▶溶媒・溶質・溶液

生理食塩水は塩化ナトリウムNaClが水H_2Oに溶けて均一な状態になっています（溶解●）．このとき，水のように他の物質を溶かす液体を**溶媒**●，塩化ナトリウムのように溶けている物質を**溶質**●とよびます．このような液体全体を**溶液**●とよび，水が溶媒となっているものは特に水溶液とよばれます．

- 溶解＝dissolution
- 溶媒＝solvent
- 溶質＝solute
- 溶液＝solution

▶質量パーセント濃度

溶液中の溶質の割合を濃度●とよびます．まず，溶質の割合を質量（g）で示す**質量パーセント濃度**を考えてみましょう．質量パーセント濃度（%）は，溶液（g）中に含まれている溶質（g）の割合を百分率〔パーセント（%）〕で示しています．

$$\text{質量パーセント濃度(\%)} = \frac{\text{溶質の質量(g)}}{\text{溶液の質量(g)}} \times 100$$

- 濃度＝concentration

表3-5　生理食塩水の濃度

	溶質（塩化ナトリウム）	溶液（生理食塩水）	計算（溶質/溶液）	濃度
質量パーセント濃度の計算	0.9 g	100 g	$\frac{0.9\ \mathrm{g}}{100\ \mathrm{g}} \times 100$	0.9 %
モル濃度の計算	0.015 mol	0.1 L	$\frac{0.015\ \mathrm{mol}}{0.1\ \mathrm{L}}$	0.15 mol/L

ヒトの生理食塩水を例に質量パーセント濃度とモル濃度の計算方法を示しました．このとき，溶質は塩化ナトリウムNaCl，溶媒は水H_2O，溶液は溶質と溶媒を合わせたものになります．

溶液の質量は，基本的には溶質の質量と溶媒の質量の合計と考えてください．ヒトの生理食塩水の濃度は0.9 %です（表3-5）．これは生理食塩水100 gの中に塩化ナトリウムNaCl 0.9 gが含まれていることになります〔$\frac{溶質(\mathrm{NaCl})の質量0.9\ \mathrm{g}}{溶液(生理食塩水)の質量100\ \mathrm{g}} \times 100 = 0.9\ \%$〕※3．

※3　生理食塩水の濃度：生理食塩水は，水100 mL中に0.9 gの塩化ナトリウムが含まれています．生理食塩水の大部分である水は1 mL = 1 gであるため容量パーセント濃度と質量パーセント濃度はほとんど変わりません．しかし，薄い水溶液以外では，溶質や溶媒が質量（gやkg）と体積（mLやL）のどちらで表されているかに十分注意する必要があります（コラム参照，質量weightは「w」，体積volumeは「v」で示される場合があります）．

モル濃度

続けて，溶質の割合を物質量（mol）で示す**モル濃度**●を考えてみましょう．モル濃度（mol/L）は，溶液（L）中に含まれている溶質（mol）の割合を体積（L）と物質量（mol）を使って示しています※4．

● モル濃度＝molar concentration

※4　モル濃度の単位：モル濃度の単位としてM（モーラー）が使われる場合があります．1 M = 1 mol/L，1 mM = 1 mmol/L = 0.001 mol/Lとなります．薄い濃度の溶液の場合にはmM（ミリモーラー，1/1000モーラー）を使うと便利です．

$$モル濃度(\mathrm{mol/L}) = \frac{溶質の物質量(\mathrm{mol})}{溶液の体積(\mathrm{L})}$$

塩化ナトリウムNaClのモル質量は23 + 35.5 = 58.5(g/mol）のため，NaCl 0.9 gの質量を物質量（mol）であらわすと$\frac{0.9(\mathrm{g})}{58.5(\mathrm{g/mol})}$≒0.015 molとなります．生理食塩水100 gの中にNaClが0.015 mol含まれていることをモル濃度であらわしてみましょう．生理食塩

濃度のあらわし方

質量パーセント濃度（%もしくはw/w %）は，溶液の質量（g）に対する溶質の質量（g）の割合を百分率であらわしたものです．容量パーセント濃度（vol %もしくはv/v %）は，溶液の容量（L）に対する溶質の容量（L）の割合を百分率であらわしたものです．例えば，70 vol %の消毒用エタノールは，溶液100 mL中に70 mLのエタノールが含まれていることになります．質量対容量パーセント濃度（w/v %）は，溶液の容量（L）に対する溶質の質量（g）の割合を百分率であらわしたものです．

百分率はパーセント（%）といいますが，千分率はパーミル（‰）といいます．百万分率（ppm）は，割合に100万（10^6）をかけてあらわしたもので，溶液1 kgに対して溶質1 mgが含まれている場合や溶液1 Lに対して溶質1 mgが含まれている場合は1 ppmということになります．薬品の濃度表示はその種類によってさまざまなので，どの濃度が使われているのかに注意することが必要です．

水は100 gで100 mL（0.1 L）なので，モル濃度（mol/L）＝ $\frac{0.015(\text{mol})}{0.1(\text{L})}$ ＝0.15(mol/L) となります．

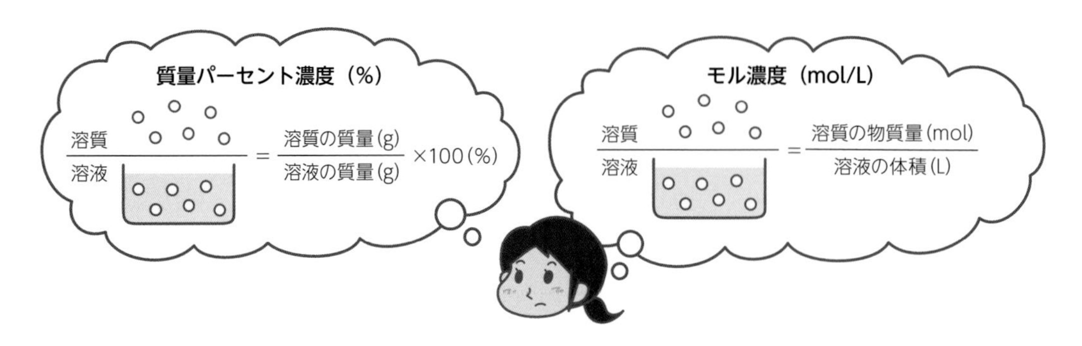

4. 化学反応で原子の数は変わらない

●化学式　→2章2-1
●化学反応＝chemical reaction
●反応式＝reaction formula
※5　化学反応式の省略：化学反応式では，直接自身が変化しない物質は基本的に省略されます．例えば，化学反応の速度を変化させる触媒は自身が化学変化しないため，通常省略されます（矢印の上や下に書く場合もあります）．
イオンが関係する反応において，反応に関係しないイオンを省略した化学反応式は特にイオン反応式（ionic equation）とよばれます．イオン反応式では，反応物（左辺）と生成物（右辺）で原子の数が等しくなるだけでなく，電荷の総和も等しくなります．
●反応物＝reactant
●生成物＝product

▶化学反応式

化学式●を使って物質が別の物質に変化する反応（化学反応●）を示した式を**化学反応式**，または反応式●とよびます※5．このとき，反応前の物質を反応物●，反応後に生じた物質を生成物●とよびます．化学反応の前後で原子の数や種類は変わらないため，化学反応式ではそれ

浸透圧 生理学

溶媒（水）や一部の溶質のみを通し，他の溶質を通さない性質（半透性）をもった膜は半透膜とよばれます．半透膜を介して片方に水，もう片方に溶液をおいたとき，水が半透膜を通って溶液側へ移動する（浸透）のを止めるために溶液側に加えられた圧を浸透圧とよびます．

細胞は半透性に近い性質をもっています．細胞を同じ浸透圧の溶液（等張液）に浸しても細胞に変化はみられません．しかし，細胞をそれよりも浸透圧が高い溶液（高張液）に浸すと，水が細胞外に移動し，細胞は収縮します．一方，細胞をそれよりも浸透圧が低い溶液（低張液）に浸すと，水が細胞内に移動し，細胞は膨張します．

これらの現象をヒトの赤血球で考えてみましょう．ヒトの赤血球を生理食塩水（等張液）に入れても変化はみられませんが，濃度の高い食塩水（高張液）に入れると水が外に出て縮んでしまいます．一方，蒸留水（低張液）に入れると水が中に入り込んで膨張し，やがて破れて中身が出てしまいます（溶血）．このように溶液の濃度によって，細胞の機能に障害が起こる可能性があります．

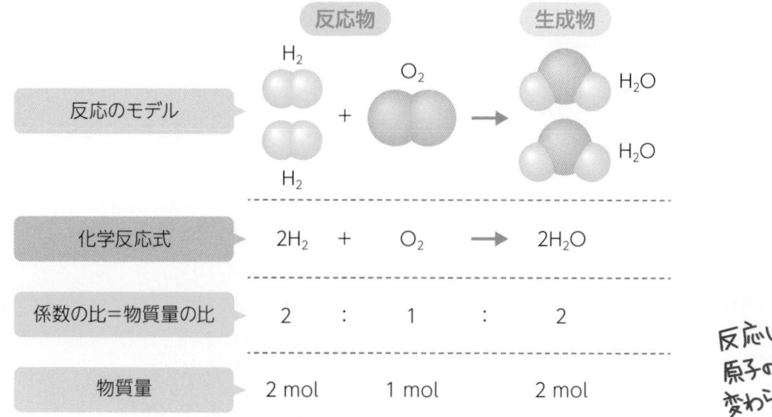

図3-2　水素と酸素の反応のモデル

水素H_2と酸素O_2から水H_2Oができる反応は，水素原子：酸素原子＝4：2の比で起こっています．水素分子2 mol（水素原子4 mol）と酸素分子1 mol（酸素原子2 mol）が反応して，水分子2 mol（水素原子4 molと酸素原子2 mol）となるともいえます．化学結合（2章）のしかたが変化しているため，分子の数（mol）の合計が左辺と右辺で異なっています．

ぞれの化学式の前に係数●をつけて，反応物（左辺）と生成物（右辺）で原子の数が等しくなるようにします．係数は最も簡単な整数比とし，1は省略します．

●係数＝coefficient

水ができる反応

例えば，水素H_2と酸素O_2から水H_2Oができる反応では，$2H_2 + O_2 \rightarrow 2H_2O$となります〔矢印（→）は反応の向きを示し，一方向の場合は，通常左から右へ書きます〕．この係数の比は物質量（mol）の比でもあります．つまり，この化学反応式は2 molのH_2と1 molのO_2が反応して2 molのH_2Oができることを示しています（図3-2）．

練習問題

ⓐ 物質量と質量（➜表3-4，図3-1）

アボガドロ定数を6.02×10^{23}/molとして，以下の問題に答えてください．

❶ 1 molの二酸化炭素CO_2に炭素原子Cが何個含まれているか答えてください．

❷ 1 molの二酸化炭素CO_2に含まれる酸素原子Oの物質量（mol）を答えてください．

❸ 18.06×10^{23}個の二酸化炭素CO_2の物質量（mol）を答えてください．

❹ 二酸化炭素CO_2のモル質量（g/mol）を答えてください．原子量はC = 12，O = 16とします．

❺ 3 molの二酸化炭素CO_2の質量（g）を答えてください．

❻ 220 gの二酸化炭素CO_2の物質量（mol）を答えてください．

ⓑ 物質量と気体の体積（➜表3-4，図3-1）

標準状態として，以下の質問に答えてください．原子量はN = 14，O = 16とします．

❶ 1 molの窒素N_2と酸素O_2の体積（L）をそれぞれ答えてください．

❷ 4.48 Lの窒素N_2の物質量（mol）を答えてください．

❸ 窒素N_2と酸素O_2のモル質量（g/mol）をそれぞれ答えてください．

❹ 窒素N_2と酸素O_2の密度（g/L）をそれぞれ答えてください．

❺ 16 gの酸素O_2の体積（L）を答えてください．

ⓒ 物質量と溶液の濃度（➜表3-5）

❶ 5 gのグルコース$C_6H_{12}O_6$に水H_2Oを加え，100 mLの水溶液をつくりました．この水溶液の質量パーセント濃度（%）を答えてください．100 mLの水溶液の質量は100 gとします．

❷ ❶の水溶液のモル濃度（mol/L）を答えてください．原子量はH = 1，C = 12，O = 16とします．

ⓓ 物質量と化学反応式（➜図3-2）

（➜図3-2）

❶ 以下の式に係数を加え，化学反応式を完成させてください．なお，係数の記入が不要な場合は空欄にしてください．

① ___CO + ___O_2 → ___CO_2

② ___Na + ___Cl_2 → ___NaCl

③ ___C_3H_8 + ___O_2 → ___CO_2 + ___H_2O

❷ 以下はメタン CH_4 の完全燃焼の化学反応式です．この式から，メタン 1 mol が完全燃焼するのに必要な酸素 O_2 の物質量（mol）を答えてください．

$$CH_4 + 2O_2 \rightarrow CO_2 + 2H_2O$$

❸ ❷の化学反応式から，メタン 32 g が完全燃焼するのに必要な酸素の質量（g）を答えてください．原子量は H = 1，C = 12，O = 16 とします．

練習問題の　解　答

ⓐ ❶ 6.02×10^{23}個

物質量（mol）を粒子の数（個）に変換する問題です（図3-3①参照）．どの粒子も1 mol当たりの粒子数は同じで6.02×10^{23}個です．

❷ 2 mol

1 molの二酸化炭素分子CO_2には，1 molの炭素原子Cと2 molの酸素原子Oが含まれます．

❸ 3 mol

粒子の数（個）を物質量（mol）に変換する問題です（図3-3②参照）．1 mol当たり6.02×10^{23}個なので，18.06×10^{23}個の場合は$\dfrac{18.06 \times 10^{23}\text{個}}{6.02 \times 10^{23}(\text{個/mol})} = 3$ molとなります．

❹ 44（g/mol）

モル質量の数字は分子量と同じになります．二酸化炭素CO_2のモル質量は$12 + (16 \times 2) = 44$ g/molとなります．

❺ 132 g

物質量（mol）を質量（g）に変換する問題です（図3-3③参照）．1 mol当たり44 gなので，3 molでは$44 \times 3 = 132$ gとなります．

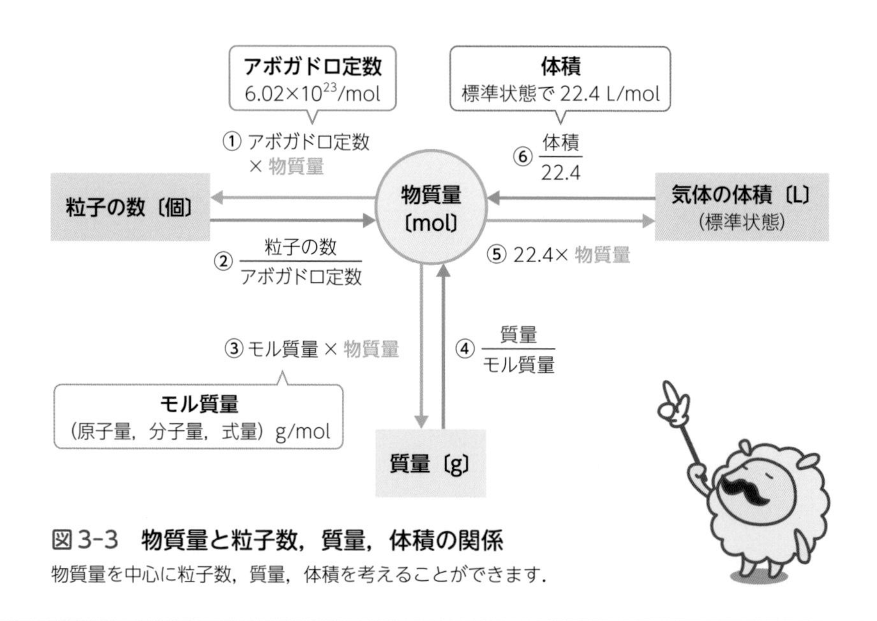

図3-3　物質量と粒子数，質量，体積の関係
物質量を中心に粒子数，質量，体積を考えることができます．

❻ 5 mol

質量（g）を物質量（mol）に変換する問題です（図3-3④参照）．1 mol当たり44 gなので，220 gの場合は$\frac{220\ \text{g}}{44(\text{g/mol})}$＝5 molとなります．

ⓑ ❶ N_2：22.4 L，O_2：22.4 L

物質量（mol）を体積（L）に変換する問題です（図3-3⑤参照）．標準状態では，物質の種類にかかわらず，気体1 molの体積は22.4 Lとなります．

❷ 0.2 mol

体積（L）を物質量（mol）に変換する問題です（図3-3⑥参照）．標準状態では，物質の種類にかかわらず，気体1 molの体積は22.4 Lなので，4.48 Lの場合は$\frac{4.48\ \text{L}}{22.4(\text{L/mol})}$＝0.2 molになります．

❸ N_2：28 g/mol，O_2：32 g/mol

モル質量の数字は分子量と同じであるため，窒素N_2のモル質量は14×2＝28 g/mol，酸素O_2のモル質量は16×2＝32 g/molとなります．

❹ N_2：1.25 g/L，O_2：1.43 g/L

密度は一定の体積当たりの質量（この問題ではg/Lのため1 L当たりの質量g）のことです．モル質量（g/mol）を標準状態のモル体積22.4 L/molで割ることによって，1 L当たりの質量(g/L)を計算することができます．窒素N_2の密度は$\frac{28(\text{g/mol})}{22.4(\text{L/mol})}$＝1.25 g / L，酸素$O_2$の密度は$\frac{32(\text{g/mol})}{22.4(\text{L/mol})}$≒1.43 g/Lとなります．

❺ 11.2 L

質量（g）を体積（L）に変換する問題です．まず，質量（g）を物質量（mol）に変換します．(図3-3④参照)．酸素のモル質量は16×2＝32 g/molなので，16 gの場合は$\frac{16(\text{g})}{32(\text{g/mol})}$＝0.5 molとなります．次に，物質量（mol）を体積（L）に変換します（図3-3⑤参照）．1 mol当たり22.4 Lなので，0.5 molでは22.4×0.5＝11.2 Lとなります．

ⓒ ❶ 5％

溶液（グルコース水溶液）100 gに対して溶質（グルコース）5 gなので，$\frac{5(\text{g})}{100(\text{g})}$×100＝5％となります．

❷ 0.28 mol/L

グルコース$C_6H_{12}O_6$のモル質量は(12×6)＋(1×12)＋(16×6)＝180 g / molとなります．グルコース5 gでは$\frac{5(\text{g})}{180(\text{g/mol})}$≒0.028 molとなります．100 mL中に0.028 molが含まれるので，$\frac{0.028\ \text{mol}}{0.1\ \text{L}}$＝0.28 mol/Lとなります．

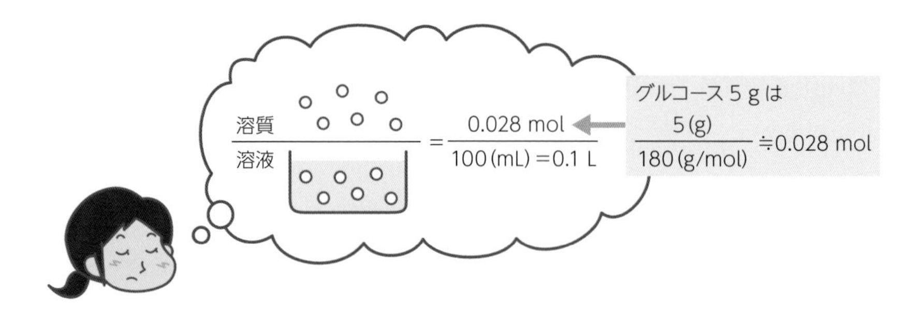

d ❶ ① $2CO + O_2 \rightarrow 2CO_2$，② $2Na + Cl_2 \rightarrow 2NaCl$，
③ $C_3H_8 + 5O_2 \rightarrow 3CO_2 + 4H_2O$

化学反応式は両辺の原子の数が等しくなるように係数を記入します．

❷ **2 mol**

化学反応式から，メタン CH_4 1 molに対して酸素 O_2 2 molの比で反応しています（図3-4参照）．

❸ **128 g**

メタンのモル質量は $CH_4 = 12 + (1 \times 4) = 16$ g/molであり，メタン32 gでは，$\frac{32(g)}{16(g/mol)} = 2$ molに相当します（図3-4参照）．メタンと酸素は1：2の比で反応するため，必要な酸素の物質量は2 mol：x mol＝1：2より，$x = 4$ molとなります．酸素のモル質量は $O_2 = 16 \times 2 = 32$ g/molとなり，1 mol当たり32 gのため，4 molでは $32 \times 4 = 128$ gとなります（図3-4参照）．

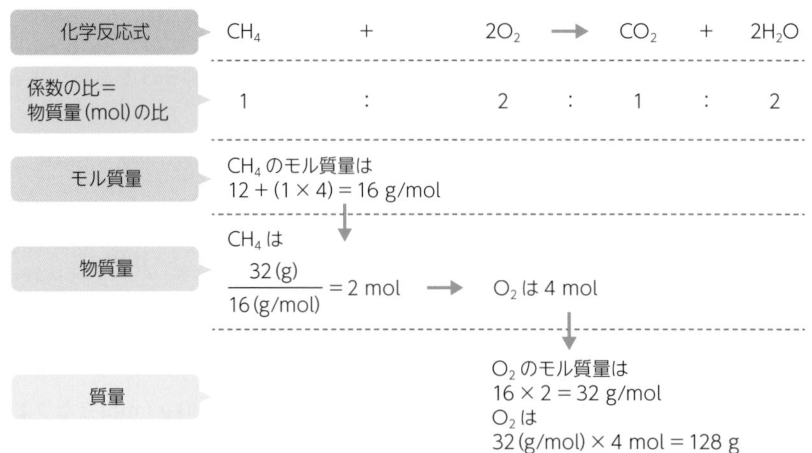

図3-4 化学反応式と物質量（メタンの燃焼）
化学反応式から，反応する物質量（mol）の比，質量の比を求めることができます．

1. 酸と塩基

- 酸と塩基について理解しよう
- pH（水素イオン指数）について理解しよう

重要な用語

酸と塩基の定義①

酸とは水溶液中で電離して，水素イオンH^+を生じる物質．塩基とは水溶液中で電離して，水酸化物イオンOH^-を生じる物質．アレニウスの定義とよぶ．

酸と塩基の定義②

酸とは水素イオンH^+を相手に与える物質．塩基とは水素イオンH^+を受けとる物質．ブレンステッド・ローリーの定義とよぶ．

価数

酸がもっている電離して他の物質に与えることができる水素イオンH^+の数を酸の価数という．塩基がもっている電離して他の物質に与えることができる水酸化物イオンOH^-の数，もしくは塩基が受けとることのできる水素イオンH^+の数を塩基の価数という．

酸性

水溶液中の水素イオン濃度の方が水酸化物イオン濃度よりも高い場合，酸の示す性質．

塩基性

水溶液中の水酸化物イオン濃度の方が水素イオン濃度よりも高い場合，塩基の示す性質．

pH

酸性や塩基性の強さをあらわす数値．値が小さいほど酸性が強く，大きいほど塩基性が強いことを示す．

中和

酸と塩基が反応して互いの性質を打ち消しあうこと．

1. 酸と塩基とは？

生理学で学ぶ酸・塩基平衡や病気のしくみを理解するためには，はじめに酸・塩基とpH（水素イオン指数）とは何かを知っておく必要があります．生理学では，特に難しいといわれる分野ですので，基本をしっかりと身につけておきましょう．

生理学

酸と塩基の定義①

酸とは，水溶液中で電離（解離）して（イオンに分かれて），水素イオンH^+（もしくはオキソニウムイオンH_3O^+）を生じる物質※1，**塩基**とは，水溶液中で電離して水酸化物イオンOH^-を生じる物質のことをいいます※2．この定義を**アレニウスの定義**といいます（図4-1）．

例えば，硝酸HNO_3は水に溶けると電離して，$HNO_3 \rightarrow H^+ + NO_3^-$となり，水素イオン$H^+$が生じます．したがって，硝酸$HNO_3$は酸であるといえます．

水酸化ナトリウムNaOHは水に溶けると電離して，$NaOH \rightarrow Na^+ + OH^-$となり，水酸化物イオン$OH^-$が生じます．したがって，水酸化ナトリウムNaOHは塩基であるといえます．

●酸＝acid

※1　オキソニウムイオン：水素イオンH^+は，水溶液中では単独ではなく，水分子と結合（水和）したオキソニウムイオンH_3O^+として存在しています（$H^+ + H_2O \rightarrow H_3O^+$）．オキソニウムイオン$H_3O^+$は，わかりやすいように単に$H^+$と示すことが多く，例えば，塩化水素を水に溶かした水溶液（塩酸）のイオンの電離の様子は$HCl + H_2O \rightarrow H_3O^+ + Cl^-$と示すところを，$HCl \rightarrow H^+ + Cl^-$と示すことがあります．

●塩基＝base

※2　アルカリ（alkali）：水によく溶ける塩基をアルカリ，その溶液の性質をアルカリ性とよぶこともあります．

●アレニウス＝Arrhenius

酸と塩基の定義②

アレニウスの定義より広い意味での酸・塩基の定義として，**ブレンステッド・ローリーの定義**があります※3．この定義では，**酸**とは水素イオンH^+を相手に与える物質，**塩基**とは水素イオンH^+を受けとる物質のことをいい，水溶液以外や水酸化物イオンOH^-をもたないものにも適用できます．

●ブレンステッド・ローリー＝Brønsted-Lowry

※3　ルイスの酸と塩基の定義：ブレンステッド・ローリーの定義よりもさらに広い意味での酸・塩基の定義として，ルイス（Lewis）の定義もあります．酸は相手から電子対（2章2-1）を受けとる（供与してもらう）物質のことをいい，塩基は相手に電子対を与える（供与する）物質のことをいいます．この定義では，水素イオンH^+以外にも適用することができます．

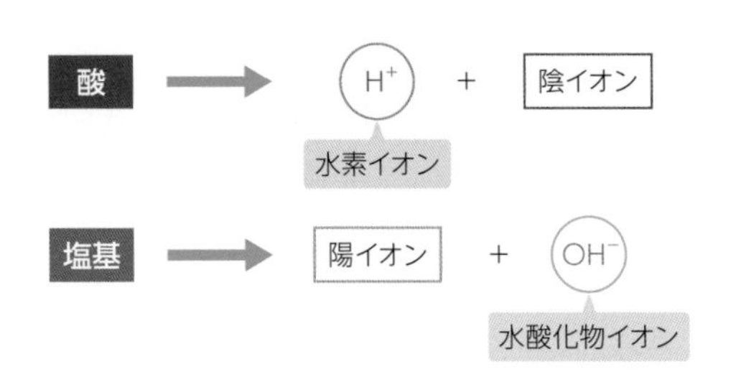

図4-1　アレニウスの定義

アレニウスの定義では，水溶液中でH^+を生じる物質を酸，OH^-を生じる物質を塩基とします．

例えば，塩化水素HClの水溶液である塩酸は$HCl + H_2O \rightarrow H_3O^+ + Cl^-$となり，塩化水素HClは水に水素イオン$H^+$を与えて，$Cl^-$となっています．したがって，塩酸HClは酸であるといえます．

アンモニアNH_3の水溶液は$NH_3 + H_2O \rightleftarrows NH_4^+ + OH^-$となり※4，アンモニア$NH_3$は水から水素イオン$H^+$を受けとって$NH_4^+$になっています．したがって，アンモニア$NH_3$は塩基であるといえます※5．

※4　⇄は，両方向の反応（可逆反応，5章2-1）が起こることを示します．

※5　水は酸？ 塩基？：アンモニアNH_3の水溶液の場合，水H_2OはアンモニアNH_3に水素イオンH^+を渡しているので，水は酸として働いていることになります．塩化水素HClの水溶液（塩酸）の場合，水H_2Oは塩化水素HClから水素イオンH^+を受けとっています．この場合，水は塩基として働いていることになります．このように同じ物質でも反応する相手が違うと酸と塩基のどちらとして働くかが変わることがあります．

2. 酸・塩基の価数

酸の価数

酸の化学式のなかで，電離して他の物質に与えることができる水素イオンH^+の数を，**酸の価数**といいます（**表4-1**）．

例えば，塩化水素HClの水溶液（塩酸）では，電離すると水素イオンH^+が1個生じるので，**一価の酸**となります（$HCl \rightarrow H^+ + Cl^-$）．硫酸$H_2SO_4$の場合は，電離すると水素イオン$H^+$が2個生じるので，**二価の酸**となります（$H_2SO_4 \rightarrow H^+ + HSO_4^-$，$HSO_4^- \rightleftarrows H^+ + SO_4^{2-}$）．

塩基の価数

塩基の化学式のなかで，電離して他の物質に与えることができる水酸化物イオンOH^-の数（もしくは，塩基が受けとることのできる

表4-1　酸の価数

価数	酸	電離
一価	塩化水素HCl	$HCl \rightarrow H^+ + Cl^-$
	硝酸HNO_3	$HNO_3 \rightarrow H^+ + NO_3^-$
	酢酸CH_3COOH	$CH_3COOH \rightleftarrows CH_3COO^- + H^+$
二価	硫酸H_2SO_4	$H_2SO_4 \rightarrow H^+ + HSO_4^-$
		$HSO_4^- \rightleftarrows H^+ + SO_4^{2-}$
	硫化水素H_2S	$H_2S \rightleftarrows 2H^+ + S^{2-}$
	シュウ酸$H_2C_2O_4 = (COOH)_2$	$H_2C_2O_4 \rightleftarrows 2H^+ + C_2O_4^{2-}$
三価	リン酸H_3PO_4	$H_3PO_4 \rightleftarrows H^+ + H_2PO_4^-$
		$H_2PO_4^- \rightleftarrows H^+ + HPO_4^{2-}$
		$HPO_4^{2-} \rightleftarrows H^+ + PO_4^{3-}$

表4-2　塩基の価数

一価	水酸化ナトリウム $NaOH$	$NaOH \rightarrow Na^{+} + OH^{-}$
	水酸化カリウム KOH	$KOH \rightarrow K^{+} + OH^{-}$
	アンモニア NH_3	$NH_3 + H_2O \rightleftarrows NH_4^{+} + OH^{-}$ （H^{+}を1個受けとる）
二価	水酸化カルシウム $Ca(OH)_2$	$Ca(OH)_2 \rightarrow Ca^{2+} + 2OH^{-}$
	水酸化バリウム $Ba(OH)_2$	$Ba(OH)_2 \rightarrow Ba^{2+} + 2OH^{-}$
	水酸化マグネシウム $Mg(OH)_2$	$Mg(OH)_2 + 2H^{+} \rightleftarrows Mg^{2+} + 2H_2O$ （H^{+}を2個受けとる）
	水酸化銅（Ⅱ）$Cu(OH)_2$	$Cu(OH)_2 + 2H^{+} \rightleftarrows Cu^{2+} + 2H_2O$ （H^{+}を2個受けとる）
三価	水酸化鉄（Ⅲ）$Fe(OH)_3$	$Fe(OH)_3 + 3H^{+} \rightleftarrows Fe^{3+} + 3H_2O$ （H^{+}を3個受けとる）

水素イオンH^{+}の数）を，**塩基の価数**といいます（**表4-2**）．

例えば，水酸化ナトリウム$NaOH$の場合は，電離すると水酸化物イオンOH^{-}が1個生じるので，**一価の塩基**となります（$NaOH \rightarrow Na^{+} + OH^{-}$）．また，アンモニア$NH_3$の場合は，電離すると水素イオン$H^{+}$を1個受けとって$NH_4^{+}$となるので，一価の塩基となります（$NH_3 + H_2O \rightleftarrows NH_4^{+} + OH^{-}$）．水酸化カルシウム$Ca(OH)_2$の場合は，電離すると水酸化物イオン$OH^{-}$が2個生じるので，**二価の塩基**となります〔$Ca(OH)_2 \rightarrow Ca^{2+} + 2OH^{-}$〕．

3. 酸・塩基の強弱は電離度で決まる！

▶酸・塩基の電離

水溶液中における酸や塩基の電離の程度（電離している割合）は，**電離度**α●であらわします．

● 電離度＝degree of electrolytic dissociation

$$電離度\ \alpha = \frac{電離している酸(または塩基)の物質量(mol)}{溶けている酸(または塩基)の物質量(mol)}$$

電離度αは$0 < \alpha \leqq 1$の値をとり，酸や塩基の種類，濃度，温度などによって値が異なります．

水溶液中でほぼ完全に電離している酸や塩基を**強酸**，**強塩基**といいます（**表4-3**）．これらの電離度は，ほぼ1（100％）となります．強酸の例として塩化水素HCl，強塩基の例として水酸化ナトリウム

表4-3　酸と塩基の強弱

価数	強酸	弱酸	強塩基	弱塩基
一価	塩化水素 HCl 臭化水素 HBr ヨウ化水素 HI 硝酸 HNO_3	フッ化水素 HF 酢酸 CH_3COOH シアン化水素 HCN	水酸化ナトリウム NaOH 水酸化カリウム KOH	アンモニア NH_3
二価	硫酸 H_2SO_4	シュウ酸 $H_2C_2O_4$ 二酸化炭素 CO_2 硫化水素 H_2S	水酸化カルシウム $Ca(OH)_2$ 水酸化バリウム $Ba(OH)_2$	水酸化鉄（Ⅱ）$Fe(OH)_2$ 水酸化銅（Ⅱ）$Cu(OH)_2$
三価		リン酸 H_3PO_4		水酸化鉄（Ⅲ）$Fe(OH)_3$ 水酸化アルミニウム $Al(OH)_3$

酸や塩基の強弱は価数とは関係ないんだね！

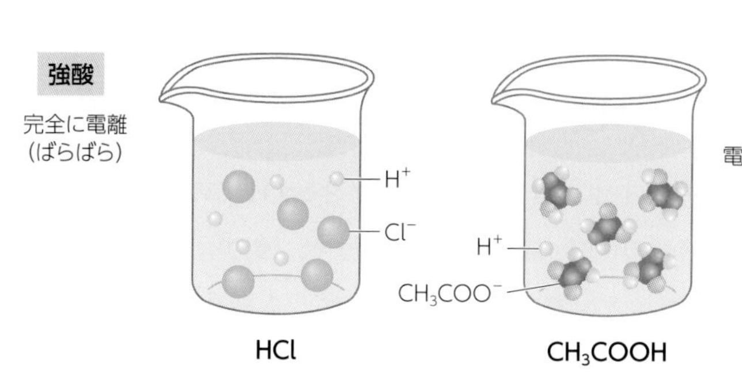

図4-2　強酸と弱酸
HClは水溶液中で完全に電離する強酸，CH_3COOHは一部のみ電離する弱酸です．

NaOHなどがあります．水溶液中でごく一部しか電離していない（電離度が小さい）酸や塩基を**弱酸**，**弱塩基**といいます（表4-3）．弱酸の例として，酢酸CH_3COOH，弱塩基の例としてアンモニアNH_3があります（図4-2）．

4. 水の電離

純水H_2Oはわずかに電離して，水素イオンH^+と水酸化物イオンOH^-になっています（$H_2O \rightleftarrows H^+ + OH^-$）．このとき，水素イオン$H^+$の濃度と水酸化物イオン$OH^-$の濃度は等しく，その濃度は$1.0 \times 10^{-7}$ mol/L（25℃の場合）です．水溶液における水素イオンH^+のモル濃度●（水素イオン濃度，mol/L）を記号［H^+］であらわし，水酸化物イオンOH^-のモル濃度（水酸化物イオン濃度，mol/L）を記号［OH^-］であらわしますので，純水中のイオンのモル濃度は以下のようになります．

> 純水H_2O中のイオンのモル濃度：
> $[H^+] = [OH^-] = 1.0 \times 10^{-7}$ mol/L（25℃の場合）※6

●モル濃度　→3章2-3

※6　1.0×10^{-7} mol/Lは，$\frac{1}{1.0 \times 10^7} =$ 1/10000000（1千万分の1，小数点を前に7個分ずらしたもの）なので，0.0000001 mol/Lのことです．mol/Lは水溶液1 L中に何molの物質が溶けているのかということをあらわします．すなわち，純水1 L中に水素イオンH^+が0.0000001 mol溶けていることになります（とても少ないですね）．

0.0000001
7 6 5 4 3 2 1

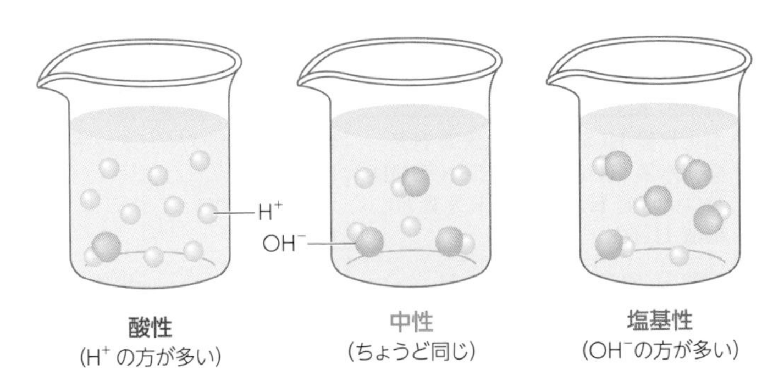

図4-3　酸性・中性・塩基性
水溶液中の［H^+］が［OH^-］よりも高い場合を酸性，同じ場合を中性，［OH^-］が［H^+］よりも高い場合を塩基性とよびます．

5. 酸性・中性・塩基性

水溶液中の水素イオンH^+と水酸化物イオンOH^-のどちらの濃度が高いかで水溶液の性質（**液性**）が決まります．酸の示す性質を**酸性**●といい※7，水素イオン濃度［H^+］の方が，水酸化物イオン濃度［OH^-］より高い場合は酸性となります．酸性と塩基性のちょうど中間の性質を**中性**●といい，水素イオン濃度［H^+］と水酸化物イオン濃度［OH^-］がちょうどつり合っている場合に中性となります．塩基の示す性質を**塩基性**●といい※8，水酸化物イオン濃度［OH^-］の方が，水素イオン濃度［H^+］よりも高い場合は塩基性となります（図4-3）．

●酸性＝acid，acidity

※7　酸の性質：酸味がある．青色リトマス紙が赤色になる．マグネシウムMgや亜鉛Znと反応して水素が発生するなどの性質．酸性水溶液は，塩酸HCl，硫酸H_2SO_4，硝酸HNO_3，酢酸CH_3COOH水溶液など．

●中性＝neutral

●塩基性＝alkaline，alkalinity

※8　塩基の性質：苦味がある．赤色リトマス紙が青色になる．手につくとぬるぬるするなどの性質．塩基性水溶液は，水酸化ナトリウムNaOH，水酸化カリウムKOH，アンモニアNH_3水溶液など．

酸性　［H^+］＞［OH^-］
中性　［H^+］＝［OH^-］（$=1.0\times10^{-7}$ mol/L …25℃の場合）
塩基性　［H^+］＜［OH^-］

6. 水のイオン積

水溶液中では，一部の水分子が電離しています．酸性・中性・塩基性に関係なく，水溶液中の水素イオン濃度［H^+］と水酸化物イオン濃度［OH^-］の積（掛け合わせたもの）は**水のイオン積**Kwとよび，決まった温度では一定の値になります※9．

※9　水のイオン積の温度による変化：水の温度が高いほど水の解離（$H_2O \rightarrow H^+ + OH^-$の反応，自己解離）が進んで水素イオン濃度［$H^+$］と水酸化物イオン濃度［$OH^-$］がともに高くなります（ルシャトリエの原理）．したがって，水のイオン積Kwは温度が高いほど大きくなります．

水のイオン積Kw（25℃の場合）
$=[H^+]\times[OH^-]=1.0\times10^{-14}(\mathrm{mol/L})^2$ … 一定

水のイオン積Kw $= 1.0 \times 10^{-14}(\mathrm{mol/L})^2$は一定なので，水素イオ

ン濃度［H^+］と水酸化物イオン濃度［OH^-］は，一方が大きくなると他方が小さくなる関係にあります．例えば，［H^+］= 1.0×10^{-5} mol/Lのときは，［OH^-］= 1.0×10^{-9} mol/Lとなります．

7. pH（水素イオン指数）

▶pHとは

pHは，水素イオン濃度［H^+］の大小をわかりやすくあらわしたもので，0〜14の値をとります※10．pHは水溶液の酸性・塩基性の強さを表すために使われ，pHが0に近いほど酸性が強く，pHが14に近いほど塩基性が強くなります（表4-4）．

※10　pH（power of Hydrogen，水素イオン指数，水素イオン濃度指数）：pHに関する最初の論文がドイツ語で書かれていたため，昔からドイツ語読みで「ペーハー」と読まれてきましたが，近年はJIS（日本工業規格）に従い，「ピーエッチ」または「ピーエイチ」と読むことになっています．

▶pHの計算

水素イオン濃度［H^+］が 1.0×10^{-n} mol/Lの時，pH = nとなります．例えば，水素イオン濃度［H^+］が0.1 mol/Lの時は 1.0×10^{-1} mol/LなのでpHは1，0.0000001 mol/Lの時は 1.0×10^{-7} mol/LなのでpHは7です．指数にマイナス（負）の記号がついている（−n）ので，水素イオン濃度［H^+］が高いほどpHは小さくなり，水素イオン濃度［H^+］が低いほどpHは大きくなります．

$$[H^+] = 1.0 \times 10^{-n}\ \text{mol/L} \longrightarrow \text{pH} = n$$

表4-4　pHにおける［H^+］と［OH^-］の関係（25℃の場合）

pH	0	1	2	3	4	5	6	7	8	9	10	11	12	13	14
[H^+] mol/L	1	10^{-1}	10^{-2}	10^{-3}	10^{-4}	10^{-5}	10^{-6}	10^{-7}	10^{-8}	10^{-9}	10^{-10}	10^{-11}	10^{-12}	10^{-13}	10^{-14}
[OH^-] mol/L	10^{-14}	10^{-13}	10^{-12}	10^{-11}	10^{-10}	10^{-9}	10^{-8}	10^{-7}	10^{-6}	10^{-5}	10^{-4}	10^{-3}	10^{-2}	10^{-1}	1

酸性　　中性　　塩基性

pH 0　1　2　3　4　5　6　7　8　9　10　11　12　13　14

[H^+]が高くなると酸性

[H^+]が低くなると塩基性

● 酸性の水溶液のpH

pHの計算をするには，電離の式を書いて価数を求めてから，水素イオン濃度［H^+］を次の式により求めます．

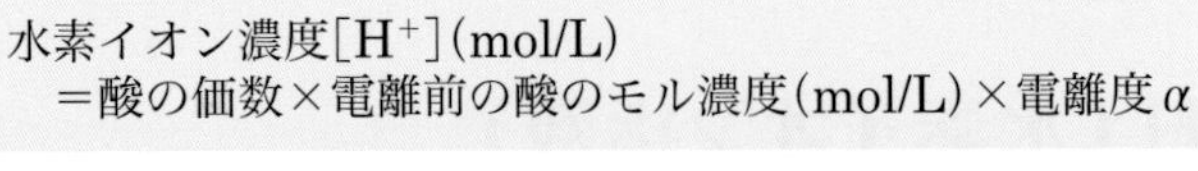

水素イオン濃度$[H^+]$(mol/L)
　＝酸の価数×電離前の酸のモル濃度(mol/L)×電離度α

例えば，0.01 mol/Lの塩酸の場合，電離すると$HCl \rightarrow H^+ + Cl^-$となり，価数は1，電離前の酸のモル濃度は0.01 mol/L，塩酸は強酸であり電離度は1なので，［H^+］＝価数×モル濃度×電離度＝$1 \times 0.01 \times 1 = 0.01 = 1.0 \times 10^{-2}$ mol/L ⇒ pH＝2となります．

● 塩基性の水溶液のpH

水酸化物イオン濃度［OH^-］は次の式により求めます．

水酸化物イオン濃度$[OH^-]$(mol/L)
　＝塩基の価数×電離前の塩基のモル濃度(mol/L)×電離度α

例えば，0.01 mol/Lの水酸化ナトリウム水溶液の場合，$NaOH \rightarrow Na^+ + OH^-$となり，価数は1，電離前の塩基のモル濃度は0.01 mol/L，水酸化ナトリウムは強塩基であり電離度は1なので，［OH^-］＝価数×モル濃度×電離度＝$1 \times 0.01 \times 1 = 0.01 = 1.0 \times 10^{-2}$ mol/Lとなります．

水のイオン積から，$[H^+] = \dfrac{1.0 \times 10^{-14}}{[OH^-]}$となり，水素イオン濃度が求められます．したがって，$[H^+] = \dfrac{1.0 \times 10^{-14}}{1.0 \times 10^{-2}} = 1.0 \times 10^{-12}$ mol/L ⇒ pH＝12となります．［H^+］と［OH^-］には，**表4-4**の関係が成り立つことから，こちらを使用して簡単に求めることもできます．

advance

logを使った計算

必ずしも前述のようにモル濃度が1.0×10^{-n} mol/Lというキリのよい形になるとは限りません．そこで，pHは水素イオン濃度の常用対数（10を底とする）にマイナスを付けた値で表すことができます．pHの理解には数学の知識が役に立ちます．指数・対数は医療系の専門科目でも使われるのでおさらいしておきましょう※11．

$$pH = -\log_{10}[H^+]$$

例えば，0.02 mol/Lの塩酸（計算に必要な$\log_{10} 2 = 0.3$）の場合，価数は1，電離前の酸のモル濃度は0.02 mol/L，電離度は1なので，［H^+］＝価数×モル濃度×電離度＝$1 \times 0.02 \times 1 = 0.02 = 2 \times 10^{-2}$ mol/Lとなります．これを式にあてはめると$pH = -\log_{10}[H^+] = -\log_{10}(2 \times 10^{-2}) = -(\log_{10} 2 + \log_{10} 10^{-2}) = -(0.3 - 2) = -0.3 + 2 = 1.7$となります．

※11　logの計算のしかたは覚えていますか？ 計算の規則をおさらいしておきます．
$\log_{10} 10^A = A$
$\log_{10} 10 = 1$
$\log_{10} 10^{-1} = -1$
$\log_{10} 1 = 0$
$\log_{10} AB = \log_{10} A + \log_{10} B$
$\log_{10} A/B = \log_{10} A - \log_{10} B$
$\log_{10} A^n = n\log_{10} A$

水で希釈した場合のpH

酸性水溶液を水で薄める場合，10倍希釈すると，水素イオン濃度［H^+］は$\frac{1}{10}$となり，pHは1大きくなります．100倍希釈するとpHは2大きくなります．ただし，どんなに希釈しても，水が電離した場合の水素イオンH^+の濃度は1×10^{-7} mol/Lなので，pHが7以上になることはありません．同じように塩基性水溶液を水で薄める場合，10倍希釈すると，水素イオン濃度［H^+］は10倍となり，pHは1小さくなります．100倍希釈するとpHは2小さくなります．ただし，どんなに希釈してもpHが7以下になることはありません．

pHの測定

水溶液のpHを調べるには，**pH試験紙**，**pH指示薬**，**pHメーター**（pH計）などを使います．pH指示薬とは，pHによって色が変化する物質で，大まかなpHを調べることができ，代表的なものにメチルオレンジ，メチルレッド，BTB（ブロモチモールブルー），フェノールフタレインなどがあります．指示薬の種類によって変色するpHの領域（**変色域**）が異なります．pH試験紙は数種類の指示薬をしみ込ませた用紙で，簡便に使用することができます．

COLUMNS

身近なpH

身近にpHを目にする場所として温泉があげられます．日本の温泉は，皮膚がピリピリするような刺激の強い強酸性の温泉から，皮膚がぬるぬるする強塩基性の温泉までさまざまです．温泉に行った際には，ぜひ，pH，化学成分を確認して，肌触り，匂いなどを体感してみてください．

秋田県仙北市玉川温泉 **pH 1.2**

埼玉県ときがわ町都幾川温泉 **pH 11.3**

中華めんはかん水とよばれる塩基性の食品添加物を加えているため塩基性を示します.

塩基性の中華めんに紫キャベツのアントシアニン系色素が反応し青色になりました.

レモン水を加えることで酸性となるため赤色に変化します.

図4-4　紫キャベツでつくった焼きそば
中華めんが黄色い理由は中華めんに含まれるフラボノイド系色素がかん水に反応しているためです.

紫キャベツや紫イモなどの植物に含まれる天然のアントシアニン系色素もpHによって色が変化する（酸性で赤色，塩基性で青色になる）ので，手軽な実験の指示薬として使うことができます（図4-4）．酸性，塩基性を調べるリトマス紙もリトマスゴケという地衣類の化学成分からつくられています．pHメーターはより細かく溶液のpHを測定することができる装置です．ガラス電極と比較電極の2本の電極の間に生じた電位差を調べることでpHを測定します．

身体のpH　生化学

われわれの身体も，部位によってpHは大きく異なっています．胃液の成分は塩酸でpHは1～2程度の強酸性です．細胞外液や血漿のpHは**7.35～7.45**の範囲に保たれています．細胞内液はpH 7程度（ほぼ中性）で，細胞内液よりも細胞外液の方が塩基性になっています．唾液はpH 6.8～7.0程度の中性，胆汁や膵液はpH 8程度の弱塩基性，尿はpH 5～7程度の弱酸性です．身体は部位によってpHが異なり，そのpHが一定に保たれていることによってうまく機能するようになっています．例えば，酵素は種類によって，活性化する**最適pH**●が異なるので，その酵素が存在する部位では酵素にとって最適なpHになっています．

●最適pH　→5章1-4

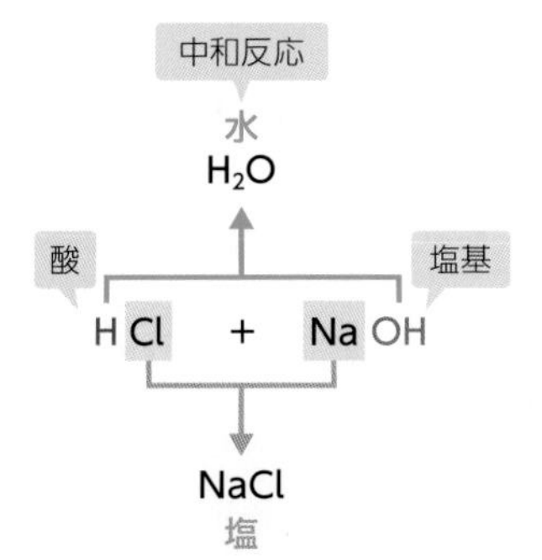

図4-5　中和
酸と塩基の性質が互いに打ち消される反応を中和とよびます．多くの中和反応では，H^+とOH^-からH_2Oが生じます．酸の陰イオンと塩基の陽イオンからなる物質は塩とよばれます．

8. 酸と塩基は互いを打ち消す

中和反応

酸と塩基が反応すると，酸のH^+と塩基のOH^-が結合して水H_2Oになります（$H^+ + OH^- \rightarrow H_2O$）．このような反応を**中和**●，もしくは**中和反応**といい※12，酸や塩基の性質が互いに打ち消されます．一方で，酸から生じる陰イオンと塩基から生じる陽イオンがイオン結合することによってできる物質を**塩**（えん）●といいます（図4-5）．

例えば，塩酸HClと水酸化ナトリウムNaOH水溶液が反応すると，水H_2Oと塩化ナトリウムNaCl（塩）ができます（$HCl + NaOH \rightarrow H_2O + NaCl$）※13．

●中和＝neutralization

※12　塩酸HClとアンモニアNH_3が反応する場合（$HCl + NH_3 \rightarrow NH_4Cl$）は，塩酸HClの水素イオン$H^+$がアンモニア$NH_3$に与えられて塩化アンモニウム$NH_4Cl$となり，酸・塩基の性質は互いに打ち消されて中和されますが，この場合はOH^-が含まれないので水H_2Oは生じません．

●塩＝salt

※13　塩化ナトリウムNaClは，いわゆる食塩（しお）です．

中和滴定

酸の出す水素イオンH^+の物質量と塩基の出す水酸化物イオンOH^-の物質量が等しい場合は，酸と塩基は過不足なく（ちょうど）中和します※14．この中和反応を利用して，濃度不明の酸や塩基の水溶液の濃度を測定（定量）することを**中和滴定**●といいます．

※14　中和の量的関係は，酸の価数×酸のモル濃度（mol/L）×酸の体積（L）＝塩基の価数×塩基のモル濃度（mol/L）×塩基の体積（L）であらわせます．

●中和滴定＝neutralization titration

塩の種類

酸のHが残っている塩を**酸性塩**，塩基のOHが残っている塩を**塩基性塩**，どちらも残っていない塩を**正塩**といいます（表4-5）．なお，これらの名称と水溶液の液性（酸性・中性・塩基性）は関係しないので注意してください．

表4-5　塩の種類

酸性塩	Hが残っている塩	炭酸水素ナトリウム$NaHCO_3$，硫酸水素ナトリウム$NaHSO_4$など
塩基性塩	OHが残っている塩	塩化水酸化マグネシウム$MgCl(OH)$，塩化水酸化銅(Ⅱ) $CuCl(OH)$ など
正塩	どちらも残っていない塩	塩化ナトリウム$NaCl$，塩化アンモニウムNH_4Cl，酢酸ナトリウムCH_3COONaなど

advance

塩と液性

塩の水溶液の液性は一般的に，強酸と強塩基からできた塩の水溶液は中性，強酸と弱塩基からできた塩の水溶液は酸性，弱酸と強塩基からできた塩の水溶液は塩基性を示します．例えば，塩化ナトリウム$NaCl$〔HCl(強酸)＋$NaOH$(強塩基) → $NaCl$(正塩)＋H_2O〕の水溶液の液性は中性（強酸と強塩基の塩は加水分解しない），塩化アンモニウムNH_4Cl〔HCl(強酸)＋NH_3(弱塩基) → NH_4Cl(正塩)〕の水溶液の液性は酸性（$NH_4Cl + H_2O \rightarrow NH_4OH + Cl^- + H^+$），酢酸ナトリウム$CH_3COONa$〔$CH_3COOH$(弱酸)＋$NaOH$(強塩基) → CH_3COONa(正塩)＋H_2O〕の水溶液の液性は塩基性（$CH_3COONa + H_2O \rightarrow CH_3COOH + Na^+ + OH^-$）です．炭酸水素ナトリウム$NaHCO_3$〔$H_2CO_3$(弱酸)＋$NaOH$(強塩基) → $NaHCO_3$(酸性塩)＋H_2O〕の水溶液の液性は塩基性（$NaHCO_3 \rightarrow Na^+ + HCO_3^-$，$HCO_3^- + H_2O \rightarrow H_2CO_3 + OH^-$）です．

体の中での中和 生理学

体の中でも中和が行われています．膵臓から分泌される膵液には炭酸水素ナトリウム$NaHCO_3$が含まれていて，pHは8程度の弱塩基性になっており，これが十二指腸に送られて，流れ込んできた酸性の胃液を中和します（$NaHCO_3 + HCl \rightarrow NaCl + H_2O + CO_2$）．例えば，胃薬にはこの炭酸水素ナトリウムが多く含まれていて，出すぎた胃酸が中和されるというわけです．

練 習 問 題

ⓐ 酸と塩基

次の各反応について，下線部の物質は酸，塩基のどちらとして働いているか答えてください．

❶ $\underline{H_2SO_4}$ → $2H^+ + SO_4^{2-}$

❷ $\underline{Ca(OH)_2}$ → $Ca^{2+} + 2OH^-$

❸ $NH_3 + \underline{H_2O}$ → $NH_4^+ + OH^-$

❹ $\underline{CO_3^{2-}} + H_2O$ → $HCO_3^- + OH^-$

ⓑ 酸の価数（⤳表4-1）

次の酸は，何価の酸であるか答えてください．

❶ HCl

❷ CH_3COOH

❸ H_3PO_4

ⓒ 塩基の価数（⤳表4-2）

次の塩基は，何価の塩基であるか答えてください．

❶ KOH

❷ $Ba(OH)_2$

ⓓ pHの計算1

0.10 mol/Lの酢酸水溶液の水素イオン濃度［H^+］は何mol/Lですか．ただし，酢酸水溶液の電離度αは0.013とします．

ⓔ pHの計算2

次の水溶液のpHを求めてください．

❶ 0.00001 mol/Lの塩酸（電離度$\alpha = 1$）

❷ 0.02 mol/Lの酢酸水溶液（電離度$\alpha = 0.05$）

❸ 0.005 mol/Lの水酸化カルシウム水溶液（電離度$\alpha = 1$）

練習問題の 解答

ⓐ ❶ 酸

❷ 塩基

❸ 酸

❹ 塩基

❶と❷はアレニウスの定義から，❸と❹はブレンステッド・ローリーの定義から酸や塩基の判断ができます．

❶ 硫酸H_2SO_4は，電離して水素イオン2つ（$2H^+$）を生じる物質なので酸となります．

❷ 水酸化カルシウム$Ca(OH)_2$は，電離して水酸化物イオン2つ（$2OH^-$）を生じる物質なので塩基となります．

❸ アンモニア水の水（$NH_3 + H_2O$）は，NH_3に水素イオンH^+を1つ与えて自分は水酸化物イオンOH^-となります．水素イオンH^+を相手に与える物質なので酸となります．

❹ 炭酸イオン$CO_3{}^{2-}$は，水（H_2O）から水素イオンH^+を1つ受けとって自分は重炭酸イオンHCO^{3-}となります．水素イオンH^+を受けとる物質なので塩基となります．

ⓑ ❶ 一価

塩酸HClは，$HCl \rightarrow H^+ + Cl^-$となり，電離して1つの水素イオン$H^+$を生じるため一価の酸です．

❷ 一価

酢酸CH_3COOHは，$CH_3COOH \rightleftarrows CH_3COO^- + H^+$となり，電離して1つの水素イオン$H^+$を生じるため一価の酸です．

❸ 三価

リン酸H_3PO_4は，3段階の解離（$H_3PO_4 \rightleftarrows H^+ + H_2PO_4{}^-$，$H_2PO_4{}^- \rightleftarrows H^+ + HPO_4{}^{2-}$，$HPO_4{}^{2-} \rightleftarrows H^+ + PO_4{}^{3-}$）により，3つの水素イオン$3H^+$を生じるため三価の酸です．

ⓒ ❶ 一価

水酸化カリウムKOHは，$KOH \rightarrow K^+ + OH^-$となり，電離して1つの水酸化物イオン$OH^-$を生じるため一価の塩基です．

❷ 二価

水酸化バリウム$Ba(OH)_2$は，$Ba(OH)_2 \rightarrow Ba^{2+} + 2OH^-$となり，電離して2つの水酸化物イオン$2OH^-$を生じるため二価の塩基です．

ⓓ 1.3×10^{-3} mol/L

水素イオン濃度$[H^+]$(mol/L)＝酸の価数×電離前の酸のモル濃度(mol/L)×電離度αで計算できます．まず，酢酸水溶液は，$CH_3COOH \rightleftarrows CH_3COO^- + H^+$となり，酸の価数は1となります．電離前のモル濃度は0.10 mol/L，電離度は0.013なので，$1 \times 0.10 \times 0.013 =$ 0.0013 mol/Lとなります．値が小さいので整理すると，$0.0013 = 1.3 \times 10^{-3}$ mol/Lとなります．

ⓔ ❶ pH 5

電離の式は$HCl \rightarrow H^+ + Cl^-$です．$[H^+]$＝酸の価数×電離前の酸のモル濃度(mol/L)×電離度α＝塩酸の価数1×モル濃度0.00001×電離度1＝0.00001 mol/L＝1.0×10^{-5} mol/Lなので，$[H^+] = 1.0 \times 10^{-n}$ mol/L ⇒ pH＝nより，pH＝5となります．

❷ pH 3

電離の式は$CH_3COOH \rightleftarrows CH_3COO^- + H^+$です．$[H^+]$＝酢酸の価数1×モル濃度0.02×電離度0.05＝0.001＝1.0×10^{-3} mol/Lより，pH＝3となります．

❸ pH 12

電離の式は$Ca(OH)_2 \rightarrow Ca^{2+} + 2OH^-$です．$[OH^-]$＝水酸化カルシウムの価数2×モル濃度0.005×電離度1＝0.01＝1.0×10^{-2} mol/Lとなり，水のイオン積から $[H^+] = \dfrac{1.0 \times 10^{-14}}{[OH^-]} = \dfrac{1.0 \times 10^{-14}}{1.0 \times 10^{-2}} = 1.0 \times 10^{-12}$ mol/Lより，pH＝12となります．

2. 酸化還元反応

- 酸化還元反応について理解しよう
- 酸化数について理解しよう

重要な用語

酸化

①酸素を得る，②水素を失う，③電子を失う，それぞれの反応を酸化とよぶ．

還元

①酸素を失う，②水素を得る，③電子を得る，それぞれの反応を還元とよぶ．

酸化還元反応

一方の物質が酸化されると，他方の物質は還元されるという同時に起こる2つの反応．

酸化数

原子がどれくらい酸化されたか（電子 e^- を失ったか）を示す数値．原子が中性か電子に富むかどうかを示すために割り当てられた数値．酸化数の変化により物質が酸化された（電子を失った）のか，還元された（電子を得た）のかを知ることができる．

酸化剤

相手の物質を酸化して，自分は還元される物質．

還元剤

相手の物質を還元して，自分は酸化される物質．

1. 酸化と還元の３つの定義

生物の細胞の中では，酸化と還元とよばれる化学反応が数多く起こっています．例えば，食べ物を食べて摂取した栄養素から，この化学反応を経てエネルギーが取り出されます．ヒトの体のしくみを理解するためには，酸化と還元の知識が必要となります．

← ★生化学

酸化には以下の酸素，水素，電子のやりとりによる３つの定義があります（表4-6）．

▶酸素のやりとりによる定義

酸化●とは，物質が酸素をもらって（酸素を得て）酸化物●となる反応，**還元**●とは，酸化物がもとに還（かえ）るという意味で，物質が酸素をあげる（酸素を失う）反応のことです．

● 酸化＝oxidation，oxidization
● 酸化物＝oxide
● 還元＝reduction

例えば，酸化銅CuOと水素H_2が反応すると，酸化銅CuOは還元されて（酸素をあげて）銅Cuになり，水素H_2は酸化されて（酸素をもらって）水H_2Oとなります．

酸化される

もらうよー

還元される

還元された（酸素をあげる）

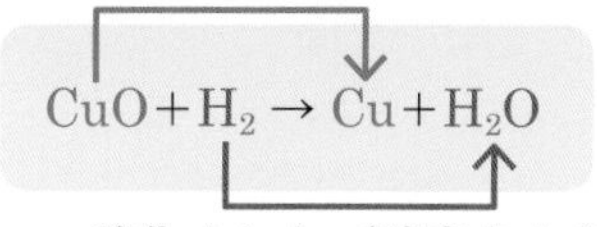

酸化された（酸素をもらう）

このように酸化と還元は，常に同時に起こります．したがって，両方をあわせて**酸化還元反応**●とよびます．

● 酸化還元反応＝reduction-oxidation reaction，redox reaction

▶水素のやりとりによる定義

酸化されるとは，水素をあげる（水素を失う）ことで，**還元**されるとは，水素をもらう（水素を得る）ことと定義することができます．これはあげる，もらうが酸素のやりとりとは逆です．

表4-6　酸化と還元のまとめ

	酸素を	水素を	電子を	酸化数が
酸化（される）	もらう	あげる	あげる	増加
還元（される）	あげる	もらう	もらう	減少

例えば，過酸化水素 H_2O_2 と硫化水素 H_2S が反応すると，過酸化水素 H_2O_2 は，還元されて（水素をもらって）水 H_2O となり，硫化水素 H_2S は酸化されて（水素をあげて）硫黄Sとなります．

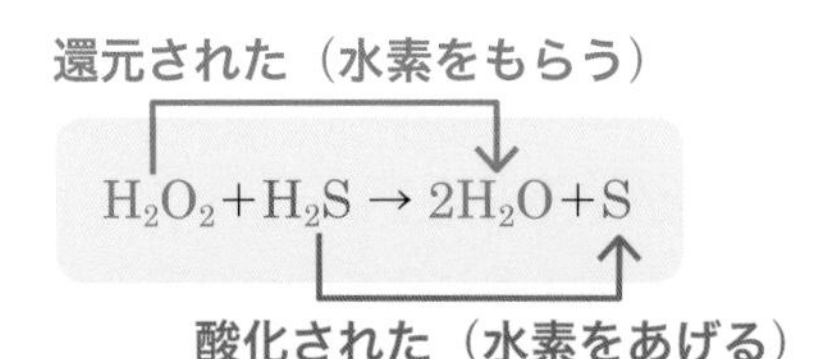

▶電子のやりとりによる定義

酸化されるとは，原子が電子 e^- をあげる（電子を失う）ことで，**還元**されるとは，原子が電子 e^- をもらう（電子を得る）ことと定義することもできます．

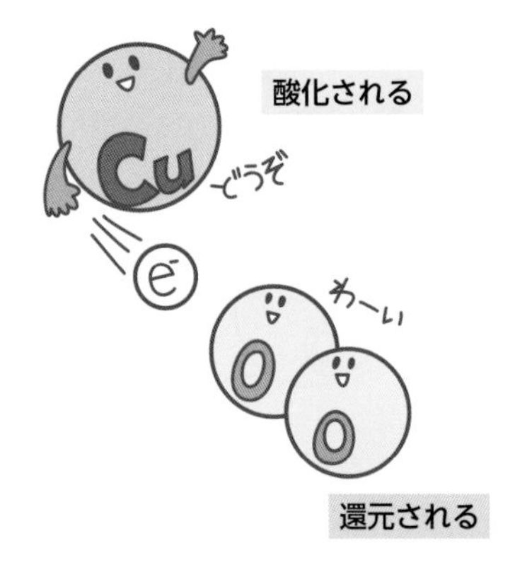

例えば，銅Cuと酸素 O_2 が反応すると，銅Cuは酸化されて（電子 e^- をあげて）銅イオン Cu^{2+} となります（$2Cu \rightarrow 2Cu^{2+} + 4e^-$）．酸素 O_2 は還元されて（電子 e^- をもらい），酸化物イオン O^{2-} になります（$O_2 + 4e^- \rightarrow 2O^{2-}$）．銅イオン Cu^{2+} と酸化物イオン O^{2-} がイオン結合して酸化銅CuOとなります．

酸化された（電子をあげる）

$$2Cu + O_2 \rightarrow 2CuO$$

還元された（電子をもらう）

● **電子の動き**

酸化（Cuは電子 e^- を失う）　$2Cu \rightarrow 2Cu^{2+} + 4e^-$

還元（O_2 は電子 e^- を得る）　+）$O_2 + 4e^- \rightarrow 2O^{2-}$　電子をあげる

$2Cu + O_2 \rightarrow 2CuO$

（銅が酸化されてさびた）

2. 酸化数

▶酸化数の定義

●酸化数＝oxidation number

酸化数●とは，原子が電子に富むかどうかを示すために割り当てられた数値のことをいいます．酸化数をみることで酸化還元反応によって，物質が酸化された（電子を失った）のか，還元された（電子を得た）のかを知ることができます．

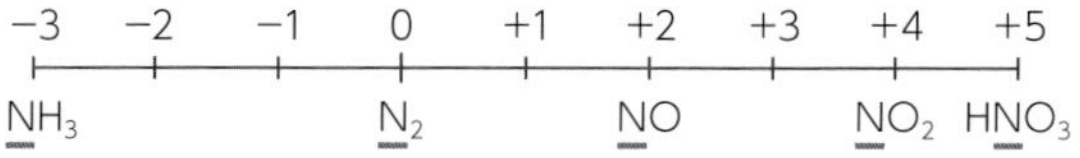

図4-6　窒素原子Nの酸化数の範囲
窒素原子の酸化数は，単体N_2のときには「0」ですが，NH_3のときには「−3」，HNO_3のときには「＋5」と状況によって酸化数が「−3」〜「＋5」の間で変動します．

電子は「−」の性質をもつ●ので，酸化されて電子を失うと酸化数は「＋」となり，還元されて電子を得ると酸化数は「−」になります．例えば，電子の数が1個少ない場合は，酸化数は「＋1」，電子の数が2個多い場合は，酸化数は「−2」となります．酸化数は「0」以外は必ず「＋」や「−」の符号をつけます．

●電子の性質　→1章2-1

同じ原子でも，単体，化合物，イオンなど，状況によって酸化数は異なります（図4-6）．また，それぞれの原子が取り得る酸化数の範囲は，原子ごとに決まっています．

酸化数の求め方

酸化数は，原則として次のようなルールに従って求めます．

① 単体の原子の酸化数は「0」

水素分子H_2中の水素原子H，酸素分子O_2中の酸素原子O，窒素分子N_2中の窒素原子N，ナトリウムNa，カルシウムCaなどの酸化数は「0」です．

② 化合物中の水素原子Hの酸化数は「＋1」，酸素原子Oの酸化数は「−2」※1

水H_2Oでは，Hの酸化数は「＋1」，Oの酸化数は「−2」です．酸化数決定には以下の優先順位があり，これにより他の原子の酸化数が決まります．

1. アルカリ金属＝＋1, 二族元素＝＋2,
   ハロゲン(ハロゲンの化合物中では)＝−1
2. 水素原子＝＋1
3. 酸素原子＝−2
4. 硫黄原子(硫黄の化合物の場合)＝−2

※1　原則通りにならない例外もあるので注意してください．例えば，過酸化水素H_2O_2の酸化数は，ルール②より，Hの酸化数は「＋1」，Oの酸化数は「−2」になるはずですが，ルール③（電荷をもたない化合物は原子の酸化数の総和は「0」）との食い違いが生じます．そこで，実際にはOの酸化数は「−1」となります．酸化数を決める際には優先順位があり，この場合はHの酸化数が優先されます．

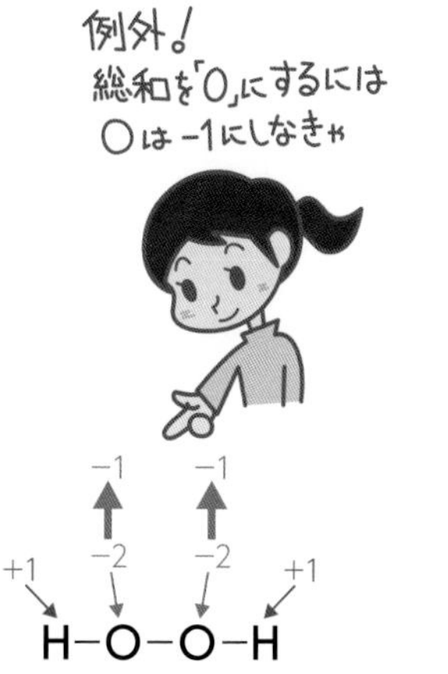

③ 電荷をもたない化合物全体での酸化数の総和は「0」

アンモニアNH_3では，Hの酸化数は「＋1」です．酸化数の総和は「0」になるはずなので，Nの酸化数は「－3」となります．

④ 単原子イオンにおける原子の酸化数は，「イオンの電荷」

●イオンの電荷 →1章2-3

イオンの電荷●から，ナトリウムイオンNa^+では，Naの酸化数は「＋1」，カルシウムイオンCa^{2+}では，Caの酸化数は「＋2」，塩化物イオンCl^-では，Clの酸化数は「－1」となります．

⑤ 多原子イオンにおける原子の酸化数の総和は，「イオンの電荷」

アンモニウムイオンNH_4^+では，Hの酸化数は「＋1」です．酸化数の総和が「＋1」になるので，Nの酸化数は「－3」となります．

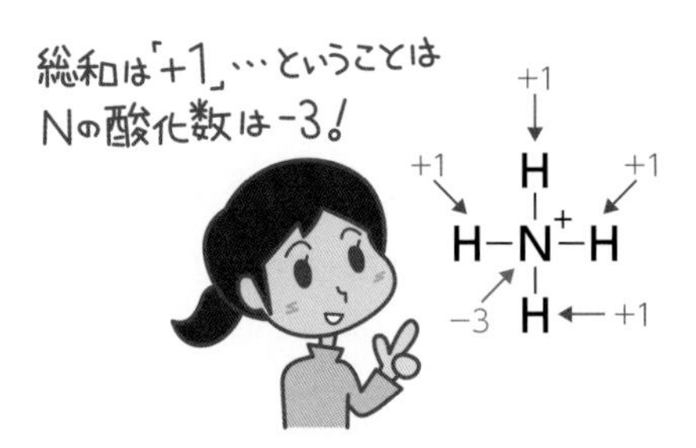

▶酸化数の増減

反応の前後で原子の酸化数を比較することで，その物質が酸化されたのか，還元されたのかを判断することができます．

酸化数が増加する場合はその物質が酸化されたことを示し，酸化数が減少する場合はその物質が還元されたことを示します．

例えば，銅Cuと酸素O_2の反応では，$2Cu + O_2 \rightarrow 2CuO$となります．Cuと$O_2$は単体なので酸化数は「0」，CuOのOの酸化数は「－2」，総和が「0」になるはずなのでCuOのCuの酸化数は「＋2」となります．したがって，Cuの酸化数は「0」から「＋2」へ増加したので，Cuは酸化された，Oの酸化数は「0」から「－2」へ減少したので，Oは還元されたといえます（図4-7）．

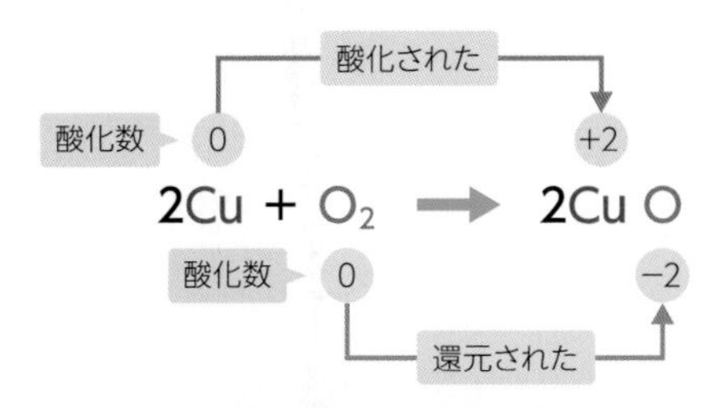

図4-7　酸化数の増減と酸化・還元の関係
反応の前後で酸化数が増加している原子は酸化されたといい，酸化数が減少している原子は還元されたといいます．

3. もらいたがる酸化剤とあげたがる還元剤

●酸化剤＝oxidizing agent，oxidant
●還元剤＝reducing agent

相手の物質を酸化して，自分は電子を受けとって還元される（酸化数は減少する）物質を**酸化剤**●といい，相手の物質に電子を与えて還元して，自分は酸化される（酸化数は増加する）物質を**還元剤**●といいます．

▶酸化剤の例

代表的な酸化剤としてオゾン※2や次亜塩素酸ナトリウム $NaClO$※3，過酸化水素 H_2O_2（3％水溶液，オキシドール），ヨウ素 I_2（ポピドンヨード，ヨードチンキ，複方ヨード・グリセリン）などがあります．これらは殺菌消毒用に幅広く使われています．

※2　働きを示す反応式：$O_3 + 2H^+ + 2e^- \rightarrow O_2 + H_2O$
※3　働きを示す反応式：$ClO^- + 2H^+ + 2e^- \rightarrow Cl^- + H_2O$

▶還元剤の例

還元剤としては，チオ硫酸ナトリウム $Na_2S_2O_3$※4があります．これは魚を飼うための水槽に加えた水道水の塩素をすぐに中和するための中和剤やシアン化物中毒の解毒剤などに使われています．

※4　働きを示す反応式：$2S_2O_3^{2-} \rightarrow S_4O_6^{2-} + 2e^-$

▶酸化還元滴定

酸化還元反応を利用して，酸化剤や還元剤の濃度を求める（定量する）ことができます．この方法を**酸化還元滴定**●といいます．

●酸化還元滴定＝oxidation-reduction titration，redox titration

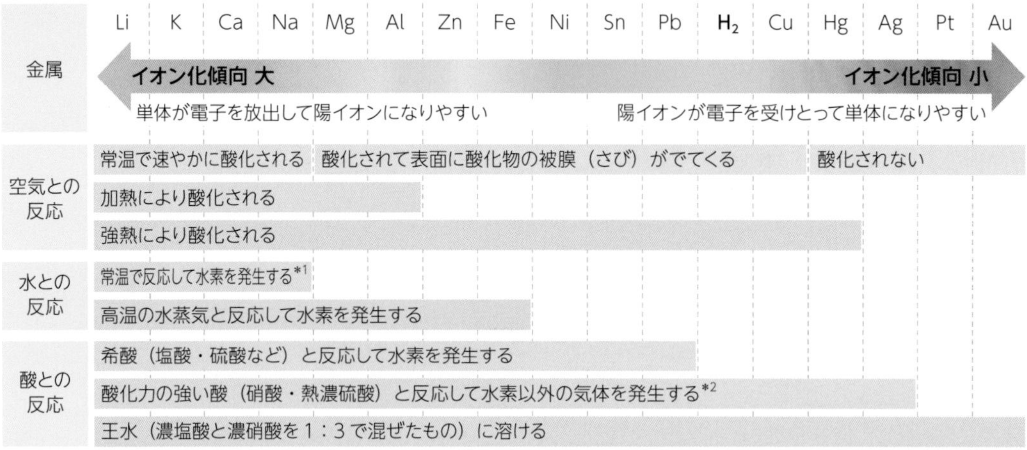

Li K Ca Na Mg Al Zn Fe Ni Sn Pb H_2 Cu Hg Ag Pt Au

金属

イオン化傾向 大　　イオン化傾向 小

単体が電子を放出して陽イオンになりやすい　　陽イオンが電子を受けとって単体になりやすい

空気との反応

常温で速やかに酸化される　酸化されて表面に酸化物の被膜（さび）がでてくる　酸化されない

加熱により酸化される

強熱により酸化される

水との反応

常温で反応して水素を発生する＊1

高温の水蒸気と反応して水素を発生する

酸との反応

希酸（塩酸・硫酸など）と反応して水素を発生する

酸化力の強い酸（硝酸・熱濃硫酸）と反応して水素以外の気体を発生する＊2

王水（濃塩酸と濃硝酸を1：3で混ぜたもの）に溶ける

図4-8　金属のイオン化列と化学的性質

金属をイオン化傾向の大きい順に並べたものをイオン化列といいます．金属と空気（空気中の酸素），水，酸などとの反応性は金属のイオン化傾向と深い関係があります．参考文献5をもとに作成．

＊1　マグネシウムMgは熱水と反応する．

＊2　Al，Fe，Niは希硝酸とは反応するが，濃硝酸に浸すと表面に緻密な酸化膜の被膜を生じ，反応が内部まで進行しない（不動態）．また，Pbは塩酸や希硫酸とは表面に難溶性の塩を生じ，反応が進行しない．

4. 金属のイオン化傾向

●イオン化傾向＝ionization tendency

金属が水中で電子e^-を放出して陽イオンになる傾向を**イオン化傾向**●といいます．イオン化傾向の大きい金属の単体は陽イオンになりやすく，イオン化傾向の小さい金属の単体は陽イオンになりにくい，すなわち金属のままでいるという性質があります（図4-8）．水素H_2は金属ではありませんが，水との反応性を調べる基準として含まれています（$H_2 \rightarrow 2H^+ + 2e^-$）．金属のイオン化傾向を大きい順に並べたものを**イオン化列**といいます（図4-8）．

金属イオンを含む水溶液に，それよりもイオン化傾向の大きな金属を入れると，イオン化傾向の大きな金属が陽イオンとなって溶け，イオン化傾向の小さな金属が**析出**してきます（溶液から固体が分離して出てきます）．例えば，銅イオンCu^{2+}を含む水溶液に鉄Feを入れると，鉄Feは鉄イオンFe^{2+}となって溶けて，銅Cuが析出してきます（$Cu^{2+} + Fe \rightarrow Cu + Fe^{2+}$，図4-9）．

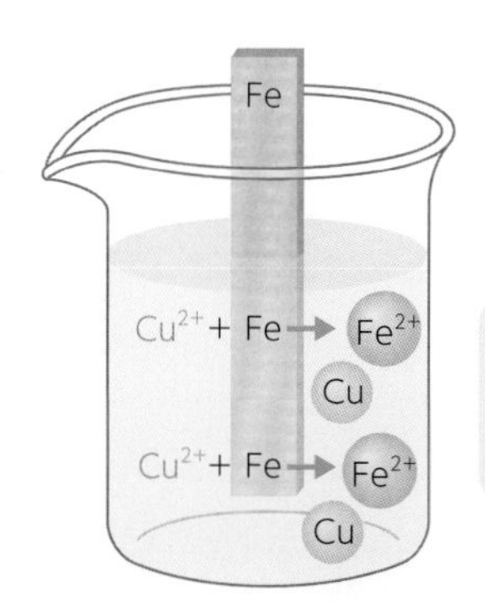

$$\begin{array}{llll} & Cu^{2+} + \boxed{2e^-} & \rightarrow & Cu \\ +) & Fe & \rightarrow & Fe^{2+} + \boxed{2e^-} \\ \hline & Cu^{2+} + Fe & \rightarrow & Cu + Fe^{2+} \end{array}$$

図4-9　Cuの析出

5. 金属の溶けやさびも酸化還元反応

▶腐食

金属は種類によって**腐食**(ふしょく)●して溶けたり，さび（腐食生成物）ができたりします．これらは酸化還元反応によって金属の表面がイオン化して（電子を放出して）液体に溶けだしたり，酸素と反応して酸化されたりすることによって生じます※5．例えば，鉄Feが酸素O_2，水H_2Oと反応すると，鉄Feは電子を放出し，鉄イオンFe^{2+}が溶出して反応し，水酸化鉄（Ⅱ）$Fe(OH)_2$になります〔$2Fe + O_2 + 2H_2O \rightarrow 2Fe(OH)_2$〕．さらに酸素との反応が進んで，いわゆる赤さびとして知られる水酸化鉄（Ⅲ）$Fe(OH)_3$になります〔$2Fe(OH)_2 + H_2O + \frac{1}{2}O_2 \rightarrow 2Fe(OH)_3$〕．

●腐食＝corrosion

※5　金属の腐食には乾食（金属と気体の接触によって生じる）と湿食（金属と液体の接触で生じる）があります．医療現場での腐食は体液や細胞との接触による湿食が多いです．

▶医療現場と金属

金属は加工しやすいので，医用材料としてもよく使われています．医療現場や生体内で使う場合は，水や体液によって腐食されやすいので，腐食されにくい（耐食性の）素材が使われています．腐食されやすい金属は，イオン化して金属アレルギーの原因ともなります．

6. 電池のしくみ

イオン化傾向の大きい金属の単体と小さい金属の単体を組み合わせて**電池**●ができます※6．イオン化傾向が大きい金属の単体が「負（－）」極で電子e^-を放出して酸化され，イオン化傾向が小さい金属の単体が「正（＋）」極で電子e^-を受けとって還元されます．

●電池＝battery，electrical cell

※6　電池の種類

化学電池	一次電池	充電できない使い捨ての電池．マンガン乾電池，アルカリマンガン乾電池，酸化銀電池，リチウム電池，空気亜鉛電池
	二次電池	充電可能な電池（蓄電池）．鉛蓄電池，リチウムイオン電池，ニッケル水素電池，ニカド（ニッケルカドミウム）電池
	燃料電池	水素と酸素から水が生じる化学反応を利用
物理電池	太陽電池	太陽の光エネルギーを電気エネルギーに変換

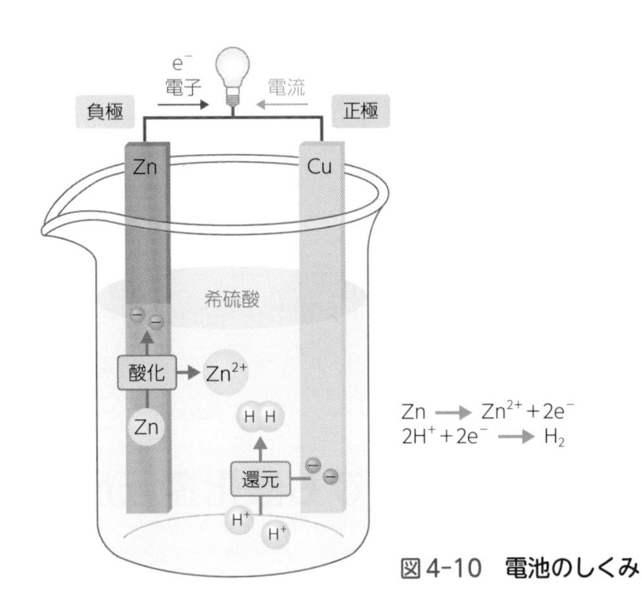

図4-10　電池のしくみ

例えば，イオン化傾向が大きい亜鉛Znと，イオン化傾向が小さい銅Cuを希硫酸H_2SO_4に入れると，亜鉛Znは負極で電子e^-を放出して酸化され，Zn^{2+}となって溶液に溶け込みます（$Zn \rightarrow Zn^{2+} + 2e^-$）．一方，銅Cuは正極で電子$e^-$を受けとって還元され，電極付近の水素イオン$H^+$が水素$H_2$となります（$2H^+ + 2e^- \rightarrow H_2$）．その時，正極と負極の間に**電圧（起電力）**●が生じて，電子が負極から正極に移動して**電流**●が流れます（電流は正極から負極へ流れます，図4-10）．

●電圧＝electric voltage，起電力：electromotive force
●電流＝electric current

7. 有機化合物の酸化還元反応 生化学

金属や無機化合物だけでなく，有機化合物も酸化還元反応を行います．例えば，食品や飲料に有機化合物である**ビタミンC**（アスコルビン酸）が酸化防止剤として含まれています．

βカロテン，ビタミンC，ビタミンE，システイン，グルタチオン（GSH）などは体内に生じた**活性酸素種**※7や**フリーラジカル**●を還元して，自らは酸化されます．こうして酸化作用のある物質が細胞に傷害を与えないように自らが犠牲になって酸化されるので，これらは**抗酸化物質**●（**ラジカルスカベンジャー**）などとよばれています．

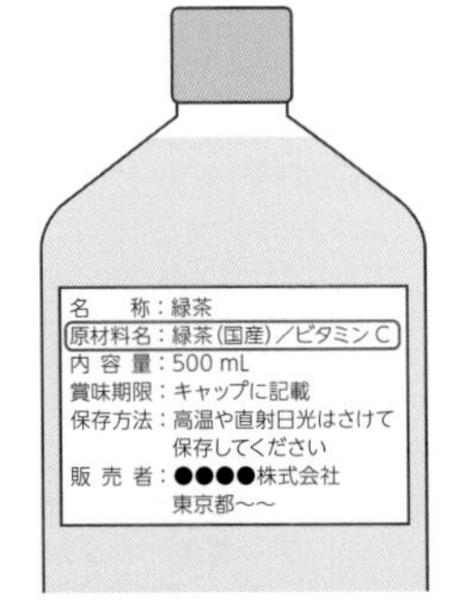

※7　活性酸素種（reactive oxygen species：ROS）：酸素分子が反応性の高い状態に変化したもの．
●フリーラジカル　→p49コラム
●抗酸化物質＝antioxidant

生体の中では，さまざまな酸化還元反応によって代謝が行われており，数百種類もある**酸化還元酵素**がその反応を司っています．

4章2.酸化還元反応 の

練習問題

ⓐ 酸化と還元

次の反応で，反応前の2つの物質のうち，酸化された物質を化学式で答えてください.

❶ $Fe_2O_3 + 2Al \rightarrow 2Fe + Al_2O_3$

❷ $2H_2S + O_2 \rightarrow 2S + 2H_2O$

❸ $CH_4 + 2O_2 \rightarrow CO_2 + 2H_2O$

❹ $2Na + Cl_2 \rightarrow 2NaCl$

ⓑ 酸化数の求め方

下線の原子の酸化数を答えてください.

❶ $\underline{S}O_4^{2-}$

❷ $\underline{Cl}_2$

❸ $\underline{C}O_2$

❹ $H\underline{S}O_4^{-}$

❺ $H_2\underline{C}_2O_4$

ⓒ 酸化剤と還元剤

次の反応で，下線部の原子の酸化数変化をもとに，酸化剤を化学式で示してください.

❶ $\underline{I}_2 + \underline{S}O_2 + 2H_2O \rightarrow 2H\underline{I} + H_2\underline{S}O_4$

❷ $H_2\underline{S} + \underline{I}_2 \rightarrow \underline{S} + 2H\underline{I}$

ⓓ 金属のイオン化傾向1（→図4-8）

次の金属をイオン化傾向の大きい順に並べてください.

Al, Au, Fe, Li, Mg, Pt, Na, Hg, Ni

ⓔ 金属のイオン化傾向2（→図4-8）

酢酸鉛（Ⅱ）水溶液に入れた場合に表面に鉛が析出するものを下記の金属からすべてあげてください.

亜鉛，鉄，銀，銅，ニッケル

練習問題の　解　答

ⓐ ❶ Al

$Fe_2O_3 + 2Al \rightarrow 2Fe + Al_2O_3$の反応では，酸化鉄（Ⅲ）$Fe_2O_3$が酸素を失って鉄Feになっているので還元されたことになり，アルミニウムAlは酸素を得て，酸化アルミニウムAl_2O_3になっているので酸化されたことになります．

❷ H_2S

$2H_2S + O_2 \rightarrow 2S + 2H_2O$の反応では，硫化水素$H_2S$は水素を失って硫黄Sになっているので酸化されたことになり，酸素O_2は水素を受けとって水H_2Oになっているので還元されたことになります．

❸ CH_4

$CH_4 + 2O_2 \rightarrow CO_2 + 2H_2O$の反応では，メタン$CH_4$は2つ酸素を得て，水素を4つ失って，二酸化炭素$CO_2$になっているので酸化されたことになります．2つの酸素O_2は酸素を合計2つ失って，水素を合計4つ得て，2つの水H_2Oになっているので還元されたことになります．

❹ Na

$2Na + Cl_2 \rightarrow 2NaCl$の反応では，$Na^+$と$Cl^-$がイオン結合してNaClになります．ナトリウムNaはNa^+になるために電子e^-を失っているので酸化されたことになります．また，Cl_2はCl^-になるために電子e^-を得ているので還元されたことになります．一方，酸化数で考えることもできます．反応前のNaとCl_2は単体なので，NaもClも酸化数は「0」です．反応後のNaClの酸化数はNaが「＋1」，Clが「－1」です．Naの酸化数が「0」から「＋1」に増加しているので，酸化されたのはNaです．

ⓑ ❶「＋6」

SO_4^{2-}は多原子イオンなので，酸化数の総和は「－2」となります．酸素原子Oの酸化数は「－2」（酸素原子4個の酸化数は合計で－8）なので，残りの硫黄原子Sの酸化数は「＋6」となります．「＋」を書き忘れないようにしましょう．

❷「0」

Cl_2は，単体なので，Clの酸化数は「0」です．

❸「+4」

CO_2は化合物なので，酸化数の総和は「0」となります．酸素原子Oの酸化数が「−2」（酸素原子2個の酸化数は合計で−4）なので，残りのCの酸化数は「+4」となります．

❹「+6」

HSO_4^-は多原子イオンなので，酸化数の総和は「−**1**」となります．水素原子Hの酸化数は「+1」，酸素原子Oの酸化数は「−2」（酸素原子4個の酸化数は合計で−8）です．したがって，残りの硫黄原子Sの酸化数は「+6」となります．

❺「+3」

$H_2C_2O_4$は化合物なので，酸化数の総和は「0」となります．水素原子Hの酸化数が「+1」（水素原子2個の酸化数は合計で+2），酸素原子Oの酸化数は「−2」（酸素原子4個の酸化数は合計で−8）です．残りの炭素原子Cの酸化数は合計（炭素原子C 2個）で「+6」となりますが，炭素原子C 1つあたりの値にする必要があるので，答えは「+3」となります．

c ❶ I_2

酸化剤は，相手の物質を酸化して，自分は電子を受けとって還元される（酸化数は減少する）物質です．まずは，それぞれの原子の酸化数を求めます．

$$\underline{I}_2 + \underline{S}O_2 + 2H_2O \rightarrow 2H\underline{I} + H_2\underline{S}O_4$$

酸化数　$\underline{0}$　$\underline{+4}\ -2$　$+1\ -2$　$+1\ \underline{-1}$　$+1\ \underline{+6}\ -2$

ヨウ素原子Iは酸化数が「0」から「−1」に減少しているので還元されているといえます．したがって，ヨウ素I_2は酸化剤です．硫黄原子Sは酸化数が「+4」から「+6」へ増加しているので酸化されているといえます．したがって，SO_2は還元剤です．

❷ I_2

それぞれの原子の酸化数を求めます．

$$H_2\underline{S} + \underline{I}_2 \rightarrow \underline{S} + 2H\underline{I}$$

酸化数　$+1\ \underline{-2}$　$\underline{0}$　$\underline{0}$　$+1\ \underline{-1}$

硫黄原子Sは酸化数が「−2」から「0」に増加しているので，酸化されているといえます．したがって，H_2Sは還元剤です．ヨウ素原子Iは酸化数が「0」から「−1」に減少しているので，還元されているといえます．したがって，I_2は酸化剤です．

d Li，Na，Mg，Al，Fe，Ni，Hg，Pt，Au

イオン化傾向の並び順を覚えておきましょう．

ⓔ 亜鉛，鉄，ニッケル

金属イオンを含む水溶液に，それよりもイオン化傾向の大きな金属を入れると，イオン化傾向の大きな金属が陽イオンとなって溶け，イオン化傾向の小さな金属が析出してきます．したがって，鉛Pbよりもイオン化傾向の大きな金属を入れた場合に鉛が析出してくるということになります．選択肢のなかで鉛Pbよりもイオン化傾向の大きな金属が答えとなるので，亜鉛Zn，鉄Fe，ニッケルNiとなります．

1. 酵素反応

- 化学反応が起こるしくみについて理解しよう
- 酵素反応の特徴について理解しよう

重要な用語

化学反応
物質が反応して元の物質（反応物）とは異なる別の物質（生成物）になる化学変化.

反応速度
化学反応の進行する速さ．反応時間あたりの物質の変化する量.

活性化エネルギー
化学反応が起こるために必要なエネルギー.

酵素
生体で起こる化学反応を促進する触媒となるタンパク質.

触媒
自分自身は変化せずに化学反応を促進する物質.

酵素反応
酵素の活性部位に基質が結合し（酵素－基質複合体），生成物になる反応．酵素が触媒として働くことで反応が促進される.

基質特異性
酵素の活性部位に適合する基質だけが酵素の作用を受ける性質.

補因子
酵素の働きを助ける化学物質.

1. 化学反応にも速度がある

●化学反応　→3章2-4

●反応物，生成物　→図3-2

●反応速度＝reaction velocity

ヒトの体内では，さまざまな**化学反応**●（代謝）が起こっています．化学反応とは，物質が反応して元の物質とは異なる別の物質になる化学変化のことでした．化学反応において，反応する前の物質を**反応物**●といい，反応によって生じる物質を**生成物**●といいました．化学反応がどのくらいのスピードで進むかを**反応速度**●といいます．反応速度は，反応物がどのくらいの時間で生成物に変化するのか（時間あたりの変化量，つまり物質の変化量÷反応時間）であらわします．

2. 化学反応による熱の出入り

▶発熱反応

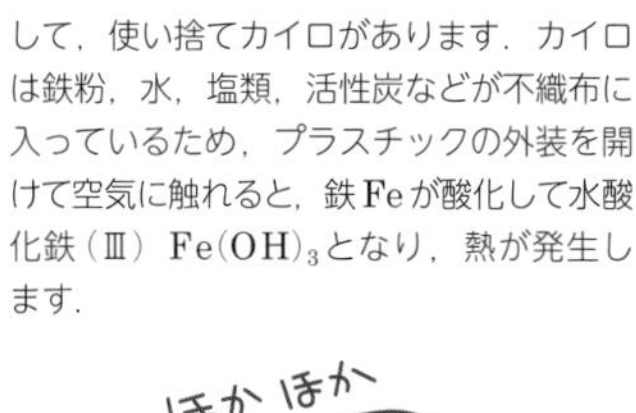
●発熱反応＝exothermic reaction
※1　発熱反応：日常生活でみられる例として，使い捨てカイロがあります．カイロは鉄粉，水，塩類，活性炭などが不織布に入っているため，プラスチックの外装を開けて空気に触れると，鉄Feが酸化して水酸化鉄（Ⅲ）$Fe(OH)_3$となり，熱が発生します．

物質の化学反応や状態変化に伴って熱が発生したり，吸収されたりすることがあります．熱の発生を伴う反応を**発熱反応**●とよびます※1．例えば，炭素Cが燃えて酸素O_2と結合すると，二酸化炭素CO_2と熱が生じます．発熱反応時には「反応物のもつエネルギーの総和＞生成物のもつエネルギーの総和」になっています（図5-1A）．

A）発熱反応

$C + O_2 \longrightarrow CO_2$

大／エネルギー／小
$C + O_2$　反応物
発熱
CO_2　生成物

反応物がもつエネルギーの総和 → 生成物がもつエネルギーの総和（発熱量）

B）吸熱反応

$N_2 + O_2 \longrightarrow 2NO$

大／エネルギー／小
$2NO$　生成物
吸熱
$N_2 + O_2$　反応物

反応物がもつエネルギーの総和（吸熱量） → 生成物がもつエネルギーの総和

図5-1　発熱反応と吸熱反応

A）炭素の燃焼では，二酸化炭素が生じる際に発熱がみられます．B）一酸化窒素が生じる反応では吸熱がみられます．

吸熱反応

一方，熱の吸収を伴う反応を**吸熱反応**●とよびます．例えば，高温で燃焼が起こると空気中の窒素 N_2 と酸素 O_2 が反応して，熱を吸収しながら一酸化窒素 NO が生じます．吸熱反応時には「反応物のもつエネルギーの総和＜生成物のもつエネルギーの総和」となっています（図5-1B）．

●吸熱反応＝endothermic reaction

3. 化学反応にはエネルギーが必要

活性化エネルギー

●活性化エネルギー＝activation energy

高いエネルギーをもち活性化した状態になった反応物同士が衝突すると化学反応が起こる場合があります．化学反応が起こるため，すなわち反応物が活性化するために必要なエネルギーを**活性化エネルギー**●とよびます．反応物がエネルギーの壁（エネルギー障壁，活性化障壁）を乗り越えると化学反応が進み，生成物が生じます（図5-2）．

密度，温度，圧力と反応速度

一般的な物質の反応においては，反応物の密度が高いほど衝突する確率が高くなり，反応速度は速くなります（図5-3）．また，温度を上げると熱運動が活発になり，エネルギーの大きな分子の割合が増えます．よって，活性化エネルギー以上のエネルギーをもつ分子が増えるので，反応速度は速くなります．気体同士の反応では，圧力が高いほど衝突する確率が高くなり，反応速度が速くなります．固体の場合

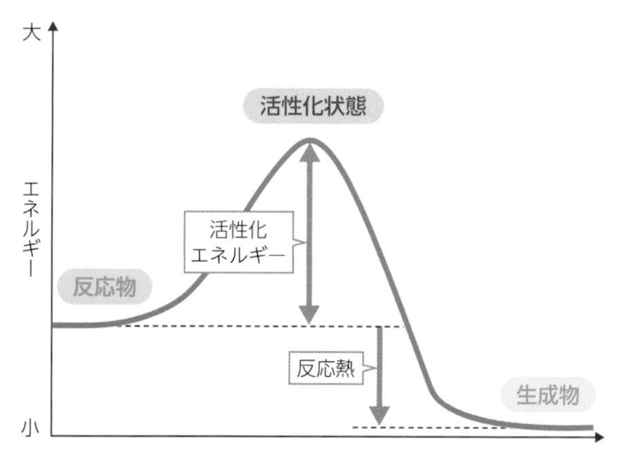

図5-2　活性化エネルギー
反応物が活性化エネルギー以上のエネルギーをもつと，化学反応が進み，生成物が生じます．

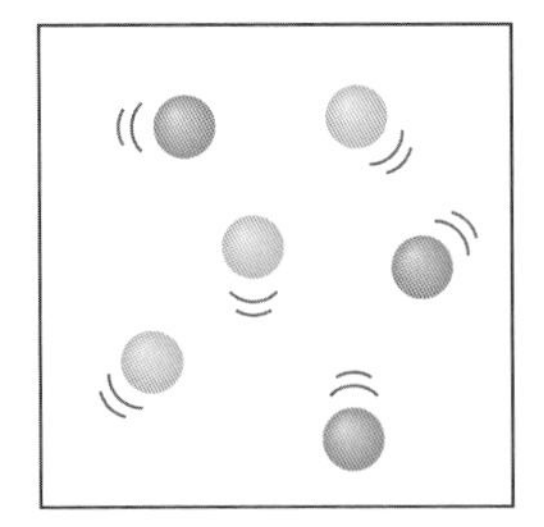

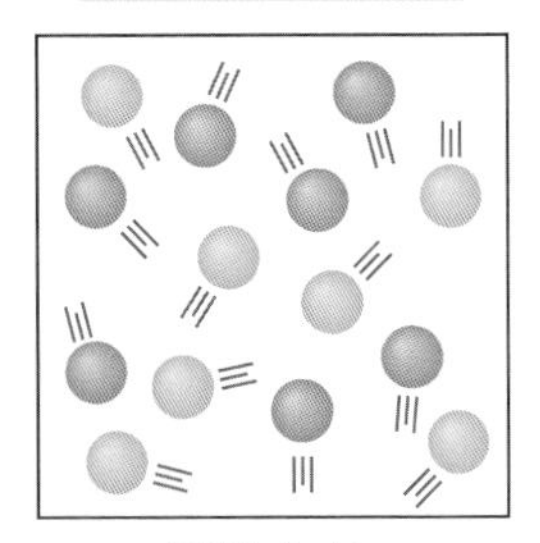

図5-3　密度と反応速度
同じ空間にたくさんの反応物がある（密度が高い）と，反応速度は速くなります．

には，表面積が大きいほど衝突する確率が高くなり，反応速度が速くなります．

4. 酵素は体内の化学反応を促進する　生化学

▶酵素とは

- タンパク質　→6章4
- 酵素＝enzyme
- 触媒　→2章2-4

酵素はタンパク質でできているよ

体内で起こっている化学反応（代謝）では，多くの場合，タンパク質●を主成分とする**酵素**●が**触媒**●（**生体触媒**）として働いています．酵素が触媒する化学反応を**酵素反応**といいます．

触媒とは，自分自身は変化せずに，化学反応を促進する物質のことをいいました．例えば，スクロース●（$C_{12}H_{22}O_{11}$，ショ糖）を常温保存した場合にはほとんど分解は起こりませんが，体内ではスクラーゼという酵素によって加水分解されて，すみやかにグルコース●（ブドウ糖）$C_6H_{12}O_6$とフルクトース●（果糖）$C_6H_{12}O_6$に分解されます〔$C_{12}H_{22}O_{11}$（スクロース）＋ H_2O → $C_6H_{12}O_6$（グルコース）＋ $C_6H_{12}O_6$（フルクトース）〕※2．

- スクロース　→6章2-5
- グルコース　→6章2-3
- フルクトース　→6章2-3

※2　グルコースとフルクトースはどちらも$C_6H_{12}O_6$という分子式ですが，原子の結合のしかたが異なっています．糖の構造（6章2）．

▶酵素の役割

酵素は触媒として活性化エネルギーを小さくすることができます．つまり，生成物をつくるためのエネルギーの壁を低くすることができるため，酵素があれば反応物は簡単に壁を乗り越えられるようになり，反応速度は速くなります．例えば，スクラーゼにより，スクロースを

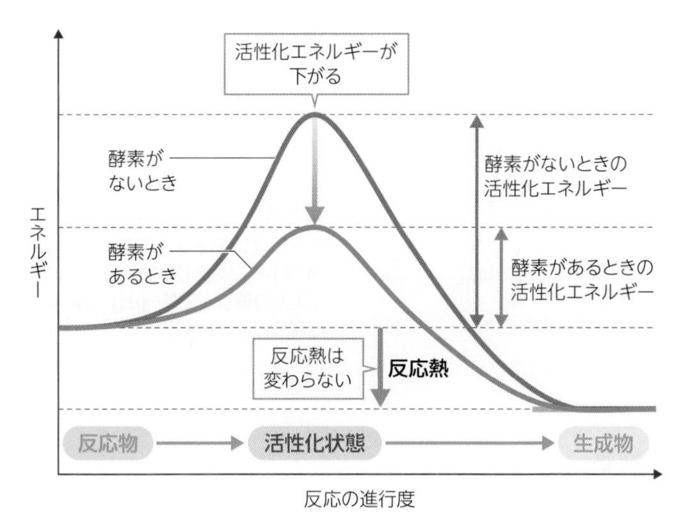

図5-4　酵素（触媒）と活性化エネルギー

酵素は活性化エネルギーを小さくすることで，反応を進みやすくすることができます．

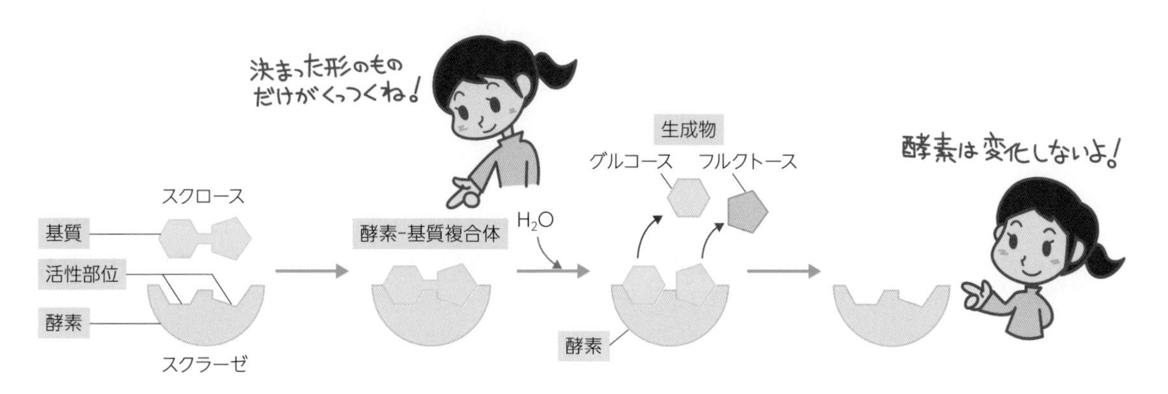

図5-5　酵素反応

基質は酵素の活性部位と結合し，基質-酵素複合体になります．化学反応が進み，基質が生成物になると，生成物は酵素から離れます．酵素自体は変化しないため，くり返し化学反応を促進します．

分解するのに必要な活性化エネルギーを小さくすることで，すばやく反応を進めることができるようになります（図5-4）．

▶酵素反応のしくみ

酵素と結びついて変化を受ける物質を**基質**●といい，基質は酵素の**活性部位（活性中心）**●とよばれる部分に結合することによって，エネルギーの高い状態である**酵素-基質複合体**●となります．反応が進むと基質は生成物となり，酵素から離れます．酵素は分解されることなく，反応の前後で変化しないので，少ない量でもくり返し反応を促進することができます（図5-5）．

●基質＝substrate

●活性部位＝active site
活性中心＝active center

●酵素-基質複合体＝enzyme-substrate complex

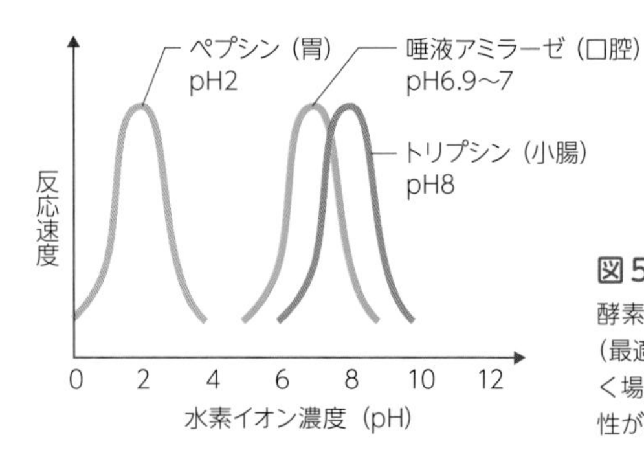

図5-6　消化酵素の最適pH
酵素には，最も活性を発揮するpH（最適pH）があります．酵素は，働く場所の環境（温度，pH）で最も活性が高くなります．

▶基質特異性

● 基質特異性＝substrate specificity
● ラクトース　→6章2-5

酵素反応では，酵素の活性部位に適合する基質だけが酵素の作用を受けることができます．この性質を**基質特異性**といいます．例えば，先ほど紹介したスクラーゼは，スクロース（ショ糖）には作用しますが，ラクトース（乳糖）には作用しません．

▶酵素活性

● 酵素活性＝enzyme activity
● 最適温度＝optimal temperature
● 最適pH＝optimal pH
● 立体構造　→6章4-6
● 変性＝denaturation
● 失活＝inactivation

酵素の働き（**酵素活性**）が最も高くなる温度のことを**最適温度**（**至適温度**）といい，活性が最も高くなるpHのことを**最適pH**（**至適pH**）といいます．

ヒトの酵素は，ほとんどが体温に近い37℃付近で最も活性化し，反応速度が最大になります．一般的に，化学反応は高温になるほど促進されますが，酵素はタンパク質でできているので，高温になると立体構造が変化（**変性**）してしまいます．その結果，酵素の活性部位の立体構造も変化し，基質がうまく結合できなくなるため，酵素活性が失われてしまいます（**失活**）．

● デンプン　→6章2-6
● タンパク質　→6章4
● ポリペプチド　→6章4-5

pHが大きく変化した場合も変性してしまうため，体液に近いpH7付近が最適pHである酵素が多くみられます．ただし，酵素の働く場所によって最適pHが大きく異なることが知られています（図5-6）．例えば，口腔内でデンプンを分解する唾液アミラーゼは，最適pHはpH7付近となりますが，胃でタンパク質を分解するペプシンはpH2程度，小腸でポリペプチドを分解するトリプシンはpH8程度となっています．

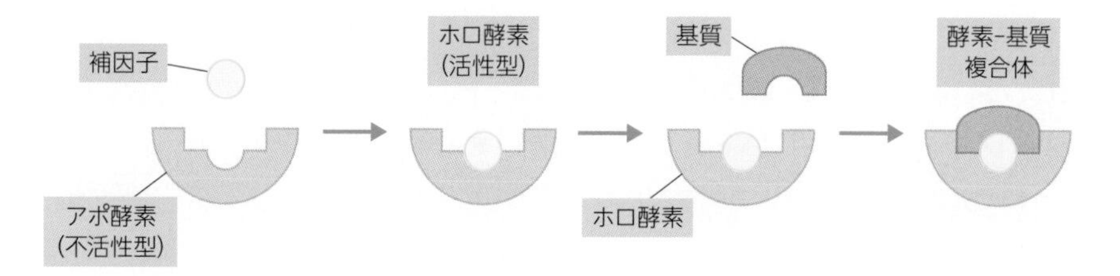

図5-7　酵素と補因子
アポ酵素は補因子と結合することでホロ酵素（活性型）となり，触媒としてのはたらきをもつようになります．

▶酵素と補因子

酵素が活性を発揮するために，働きをサポートする**補因子**を必要とする場合があります．補因子には，**補酵素**やミネラル（金属イオン）などがあります[※3]．

補因子が結合していない不活性型の酵素を**アポ酵素**といい，アポ酵素と補因子が結合して機能するようになった活性型の酵素を**ホロ酵素**といいます（図5-7）．ビタミンB群は補酵素の原料になりますが長期間体内に留めて置くことが難しいため，食事から栄養として欠かさずに摂る必要があります．

●補因子＝cofactor

●補酵素＝コエンザイム，coenzyme

※3　補酵素：ビタミンB群などは体内で補酵素の原料として利用されます．ビタミンB群の一種であるビオチンなどの強力に酵素と結合する補因子を補欠分子族とよぶこともあります．

●アポ酵素＝apoenzyme
●ホロ酵素＝holoenzyme

練習問題

ⓐ 化学反応の速度

一般的な物質の反応について，次のような場合に反応速度は速くなるか，遅くなるか答えてください．

❶ 温度を下げた場合

❷ 反応物の密度を高くした場合

❸ 触媒を加えた場合

❹ 気体同士の反応で圧力を下げた場合

❺ 固体の表面積を大きくした場合

ⓑ 酵素の性質

酵素について正しい説明を次の選択肢から選んでください．

①酵素の働きは温度が変わっても変化しない

②酵素は自分自身を分解することによって働く

③酵素と補因子が結合して機能するようになった活性型の酵素をアポ酵素という

④1つの消化酵素によってさまざまな物質を分解することができる

⑤酵素は触媒として活性化エネルギーを小さくすることができる

ⓒ 酵素の最適pH（→図5-6）

次の酵素の最適pHとして最も適当なものを次の①～③のなかから選んでください．

❶ 唾液アミラーゼ

❷ トリプシン

❸ ペプシン

①pH2，②pH7，③pH8

練習問題の 解 答

a ❶ **遅くなる**

温度を下げると，熱運動が緩やかになり，エネルギーの小さな分子の割合が増えます．よって，活性化エネルギー以上のエネルギーをもつ分子が減るので反応速度は遅くなります．

❷ **速くなる**

反応物の密度が高いほど衝突する確率が高くなるので，反応速度は速くなります．

❸ **速くなる**

触媒は，活性化エネルギーを小さくして反応速度を速くする物質です．

❹ **遅くなる**

気体同士の反応では，圧力が低いほど衝突する確率が低くなるので，反応速度は遅くなります．

❺ **速くなる**

固体の表面積を大きくすると衝突する確率が高くなるので，反応速度は速くなります．

b ⑤

①酵素の働きは最適温度で活性化するため，温度が変われば変化します．タンパク質である酵素は，温度が高すぎると変性して失活してしまいます．
②酵素は分解されることなく，くり返し使うことができます．
③アポ酵素と補因子が結合して機能するようになった活性型の酵素はホロ酵素とよばれます．
④酵素には，適合する基質だけが酵素の作用を受けることができる基質特異性という性質があります．したがって，さまざまな物質を分解することはできません．
⑤酵素は活性化エネルギーを小さくすることによって反応を促進します．

c ❶ ②

唾液アミラーゼはpH7付近で最もよく働き，口腔内でデンプンを分解します．

❷ ③

トリプシンは膵液中に含まれ，pH8付近で最もよく働き，小腸内でポリペプチドを分解します．

❸ ①

ペプシンは胃液中に含まれ，pH2付近で最もよく働き，タンパク質を分解します．

2. 体液の酸塩基平衡

- 化学平衡について理解しよう
- 体液の酸塩基平衡について理解しよう

重要な用語

可逆反応

化学反応式において右向き（正反応）と左向き（逆反応）のどちらの方向にも反応が進む反応.

化学平衡

見かけ上，化学反応のバランスが保たれて反応が停止しているようにみえる状態.

不可逆反応

化学反応式において一方向（右向き）にしか反応が進まない反応.

緩衝作用

水溶液に少量の酸や塩基を加えても，もともと入っている物質の働きによって，pHの変化をやわらげる作用.

酸塩基平衡

体液中の水素イオン濃度$[H^+]$が一定に保たれている状態.

アシドーシス

血漿のpHが酸性側に傾く過程.

アルカローシス

血漿のpHが塩基性（アルカリ性）側に傾く過程.

1. 化学反応には方向性がある

可逆反応

化学反応には，反応物から生成物への一方向的な反応だけでなく，逆方向への反応が起こるものもあります．化学反応式において右向き（正反応）と左向き（逆反応）のどちらの方向にも進む反応を**可逆反応**●といいます．例えば，酢酸 CH_3COOH は酢酸イオン CH_3COO^- と水素イオン H^+ に分かれるだけでなく，一度分かれた酢酸イオン CH_3COO^- と水素イオン H^+ が結合して酢酸 CH_3COOH に戻る反応も同時に起こっています．

●可逆反応＝reversible reaction

化学平衡

可逆反応において，見かけ上，反応のバランスが保たれて反応が停止しているようにみえる状態（見かけ上の反応速度が0）を**化学平衡**（かがくへいこう）●の状態，もしくは**平衡状態**といいます．「平衡」とは「つり合っている」ということを意味します．反応が止まっているように見えますが，実際には正反応の反応速度と逆反応の反応速度が同じになっています．バランスの保たれた平衡状態は最も安定した状態であり，可逆反応はこの状態に落ち着きます．

●化学平衡＝chemical equilibrium

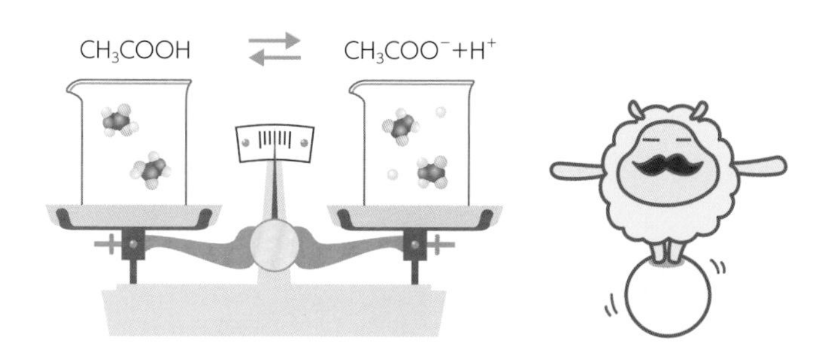

● 不可逆反応＝irreversible reaction

▶不可逆反応

化学反応式において一方向（右向き）にしか反応が進まない反応を，**不可逆反応**●といいます．例えば，プロパン C_3H_8 が燃焼して酸素 O_2 と反応すると，二酸化炭素 CO_2 と水 H_2O が生じます（$C_3H_8 + 5O_2 \rightarrow 3CO_2 + 4H_2O$）．しかし，逆向きの反応（二酸化炭素 CO_2 と水 H_2O からプロパン C_3H_8 が生じる）は起こりません．

2. 平衡状態が崩れたら？

化学平衡の状態は，濃度，温度，圧力などの変化によって影響を受けます．化学反応が平衡状態にある場合に，もし反応に使われている物質の濃度（量）が変化したら，どうなるでしょうか．酢酸の反応を例に考えてみましょう．

▶酢酸の反応例

①最初は平衡状態でつり合っています．

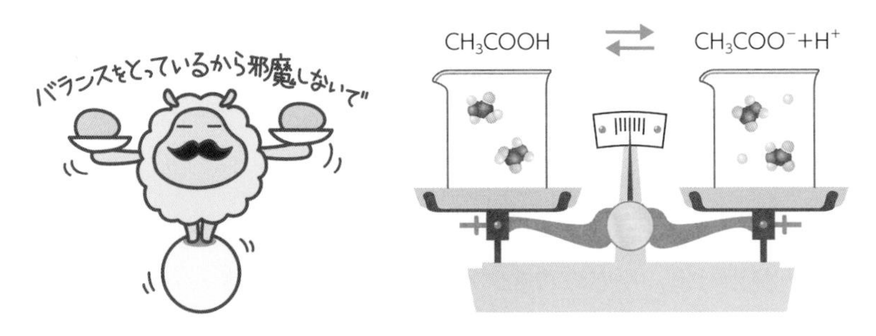

②酢酸 CH_3COOH の濃度が高くなりました．

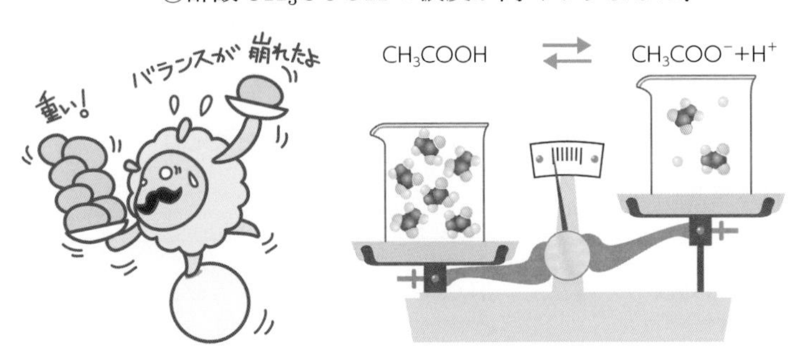

③バランスを保つため，酢酸CH_3COOHが分解される（右向きの）反応がたくさん起こります．

④酢酸CH_3COOHが分解される（右向きの）反応が起こった後，再び平衡状態に達します．

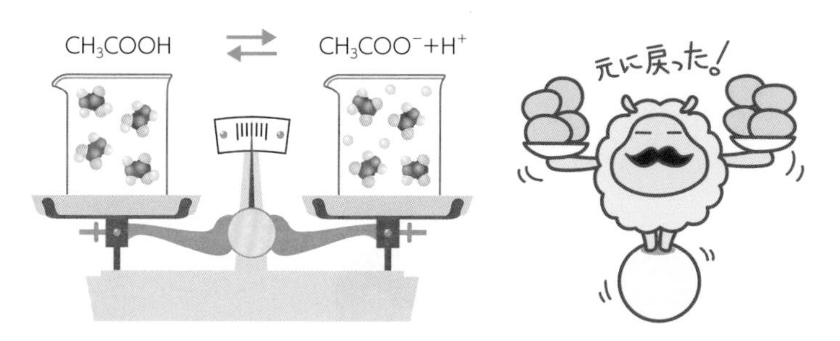

このように平衡状態の成り立っている化学反応において物質の濃度が変化した場合，その変化を和らげる方向の反応が多く起こって再び平衡状態に達します．この酢酸の例では「平衡が右へ移動した」と表現します．

ルシャトリエの原理

平衡状態のときに，ある物質の濃度を増加させた場合は，その物質が減少する方向の反応が多く起こり，再び平衡状態に達します．一方，ある物質の濃度を減少させた場合は，その物質が増加する方向の反応が多く起こり，再び平衡状態に達します．このように，変化の影響を和らげるように平衡が移動するしくみを**ルシャトリエの原理**●といい，濃度だけでなく，温度や圧力が変化した場合にも平衡の移動が生じます※1．

●ルシャトリエの原理＝Le Chatelier's principle

※1　温度を高くすると吸熱反応の方向，温度を低くすると発熱反応の方向に平衡が移動します．また，圧力を高くすると気体の分子数を減らして圧力を下げる方向，圧力を低くすると気体の分子数を増やして圧力を上げる方向に平衡が移動します．なお，触媒を増やしても平衡が移動することはありません（平衡状態に達するまでの時間が短くなります）．

3. pHの変化をやわらげる働き

緩衝作用

●酸性　→4章1-5

●緩衝作用＝buffer action

●緩衝液＝buffer solution

※2　弱酸または弱塩基とその塩の混合水溶液が緩衝液として用いられます．

通常，水に少し酸を加えると水素イオンH^+の濃度が上昇して酸性●になります．しかし，水中に炭酸水素ナトリウム$NaHCO_3$が入っていれば，反応が起きてpHの変化は少なくなります（炭酸水素ナトリウムと塩酸の場合：$NaHCO_3 + HCl \rightarrow Na^+ + HCO_3^- + H^+ + Cl^- \rightarrow NaCl + H_2O + CO_2\uparrow$）．このように，水素イオン濃度［$H^+$］の変化をやわらげる作用のことを**緩衝作用**（かんしょう）●とよび，少量の酸や塩基を加えてもpHが大きく変化しない水溶液のことを**緩衝液**●（緩衝溶液，バッファー）といいます※2．

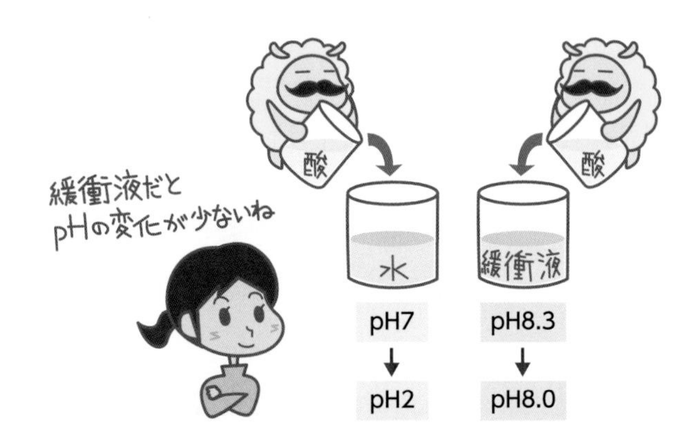

体液における緩衝作用　生理学

●酸塩基平衡

●酸塩基平衡＝acid-base balance

※3　緩衝系：体内にある緩衝系として重要なものには，①体液の酸塩基平衡にかかわる炭酸-重炭酸緩衝系，②細胞内の酸塩基平衡にかかわるリン酸緩衝系，③血漿中のヘモグロビンが緩衝作用をもつヘモグロビン緩衝系，④血漿タンパク質を構成するアミノ酸が緩衝作用をもつ血漿タンパク質緩衝系の4種類があります．

体液中の水素イオン濃度［H^+］が一定に保たれている状態のことを体液の**酸塩基平衡**●といいます．血漿（けっしょう）（血液の液体成分）のpHは通常**7.40 ± 0.05**（7.35～7.45）という非常に狭い範囲に保たれています．このバランスは，**緩衝系**とよばれるしくみ※3，体内の二酸化炭素を呼吸により排出する**肺の働き**，水素イオンH^+を排泄したり，重炭酸イオン（炭酸水素イオン）濃度［HCO_3^-］を調節する**腎臓の働き**などによって保たれています．

●アシドーシスとアルカローシス

●アシドーシス＝acidosis

何らかの原因により，酸塩基平衡が障害されて，血漿のpHが7.35より小さい酸性側に傾く過程は**アシドーシス**●とよばれます．反対に，血漿のpHが7.45より大きい塩基性（アルカリ性）側に傾く過程は

図5-8　アシドーシスとアルカローシス
血漿のpHが通常（7.35～7.45）よりも酸性側に傾いていくことをアシドーシス，塩基性側に傾いていくことをアルカローシスといいます．

図5-9　炭酸-重炭酸緩衝系

アルカローシス●とよばれます（図5-8）．呼吸器系の異常を原因とするものを**呼吸性**，その他の異常（代謝異常，腎臓などの機能の異常）を原因とするものを**代謝性**としてさらに細かく分類することがあります（例：呼吸性アシドーシス）．

●アルカローシス＝alkalosis

炭酸-重炭酸緩衝系による調節　生理学

血漿でみられる緩衝作用のうち，約60％を**炭酸-重炭酸緩衝系**●が担っているといわれています．二酸化炭素CO_2は水H_2Oと反応して炭酸H_2CO_3となり，それがさらに反応して水素イオンH^+と重炭酸イオンHCO_3^-になります（正反応）．この反応は可逆反応で逆方向にも進みます（逆反応）．二酸化炭素CO_2と水H_2Oから炭酸H_2CO_3となる正反応とその逆反応（炭酸H_2CO_3から二酸化炭素CO_2と水H_2Oになる反応）は，両方とも**炭酸脱水酵素**●という酵素●によって促進されています（図5-9）．この可逆反応により血漿のpHは保たれています．

●炭酸-重炭酸緩衝系＝carbonate-bicarbonate buffer system

●炭酸脱水酵素＝carbonic anhydrase

●酵素　→5章1-4

食事や細胞の代謝などによって血漿にたくさんの水素イオンH^+が流れ込んだ場合の緩衝作用を考えてみましょう．

①水素イオンH^+が増えると，pHが低下し，酸性側に傾いてしまいます．

②炭酸–重炭酸緩衝系において左側へ向かう反応（逆反応）が多く起こり，水素イオンH^+が減少して（pHが上昇して）再び平衡状態に達します．

このように，血漿中にH^+が増加した場合でも，炭酸–重炭酸緩衝系においてH^+が減少する方向の反応が多く起こるため，pHの変化を和らげることができます．

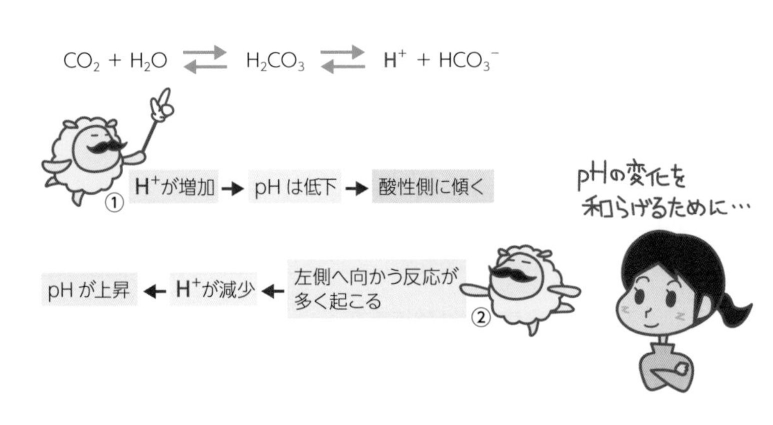

advance

ヘンダーソン・ハッセルバルヒの式

●ヘンダーソン・ハッセルバルヒ＝Henderson-Hasselbalch

血漿のpHを求める計算式として，ヘンダーソン・ハッセルバルヒ●の式があります．

$$pH = 6.1 + \log \frac{[HCO_3^-]}{0.03 \times PaCO_2}$$

血漿中の重炭酸イオンの濃度$[HCO_3^-]$と動脈血二酸化炭素分圧$PaCO_2$※4の値が決まれば，pHが決まります．重炭酸イオン濃度$[HCO_3^-]$は腎臓で調節されており，動脈血二酸化炭素分圧$PaCO_2$は肺で調整されています．

動脈血二酸化炭素分圧$PaCO_2$が増えるとpHは小さく（酸性に）なり，動脈血二酸化炭素分圧$PaCO_2$が減るとpHは大きく（塩基性に）なります．重炭酸イオン濃度$[HCO_3^-]$が増えれば，pHは大きく（塩基性に）なり，重炭酸イオン濃度$[HCO_3^-]$が減れば，pHは小さく（酸性に）なることがわかります．

これらの関係性の理解は医療系では必須となります．多くの疾患の病態生理に酸塩基平衡の異常が関係しています．

※4　動脈血二酸化炭素分圧（Partial pressure of arterial carbon dioxide：$PaCO_2$）：血液中に溶け込んでいる二酸化炭素の濃度を反映する指標です．換気の指標として使われます．血漿中にはさまざまな成分が含まれていて，それぞれの成分が圧力を示します．全体積を各成分が単独で占めるときに示す圧力を分圧といい，成分全体が示す圧力を全圧といいます．体積が一定の場合，「分圧の比＝物質量の比」となります．

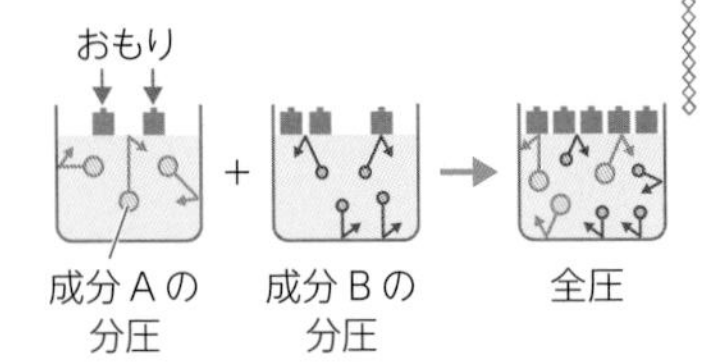

練 習 問 題

ⓐ 血漿のpH

血漿のpHが通常保たれている範囲を答えてください.

pH（　　）～（　　）

ⓑ 化学平衡の移動と炭酸‐重炭酸緩衝系

炭酸‐重炭酸緩衝系の反応系「$CO_2 + H_2O \rightleftarrows H_2CO_3 \rightleftarrows H^+ + HCO_3^-$」について，下記の条件によってpHはどのように変化するか答えてください.

❶ 二酸化炭素CO_2の濃度が高くなった場合（動脈血二酸化炭素分圧$PaCO_2$が高くなった場合）

❷ 重炭酸イオン濃度［HCO_3^-］が高くなった場合

練習問題の　解　答

ⓐ pH (7.35) ~ (7.45)

血漿のpHは通常7.40 ± 0.05の狭い範囲に保たれています.

ⓑ ❶ pHが小さくなる

二酸化炭素CO_2の濃度が高くなった場合，右向きの反応が多く起こるため，H^+が増加してpHが小さくなります（平衡が右へ移動します）.

❷ pHが大きくなる

重炭酸イオン（炭酸水素イオン）HCO_3^-の濃度が高くなった場合，左向きの反応が多く起こるため，H^+が減少してpHが大きくなります（平衡が左へ移動します）.

1. 有機化合物

- 炭化水素と官能基について理解しよう
- 有機化合物のあらわし方について理解しよう

重要な用語

炭化水素
炭素と水素のみで構成される有機化合物.

鎖式炭化水素
炭素原子が鎖状に結合している炭化水素.

環式炭化水素
炭素原子が輪のように（環状に）結合している炭化水素.

飽和炭化水素
炭化水素のうち，炭素原子同士の結合がすべて単結合のもの.

不飽和炭化水素
炭化水素のうち，炭素原子同士の結合に二重結合や三重結合を含むもの.

官能基
有機化合物の性質に関係する特定の原子の集まり（原子団）．同じ官能基を持つ化合物は共通した性質を示す.

示性式
分子式のなかから官能基を抜き出して性質をわかりやすく示した化学式．炭化水素基と官能基を組み合わせたもの.

1. 体は有機化合物でできている

- 有機化合物　→1章1-1
- 糖質　→6章2
- 脂質　→6章3
- タンパク質　→6章4
- 核酸　→6章5

炭素を中心とした構造をもつ化合物を有機化合物●といい，糖質●，脂質●，タンパク質●，核酸●などの有機化合物が生体を構成しています．これらの有機化合物の知識は，生理学で扱う「生体における有機化合物の機能」や「栄養素の消化と吸収」，生化学で扱う「代謝」や「遺伝情報の複製や発現」などの学修をするうえで必要になります．

生体を構成する物質の種類や性質を理解するために，まずは有機化合物の基本的な構造や性質を紹介します．

2. 炭化水素の分類

- 炭化水素＝hydrocarbon

炭素と水素だけでできている最も基本的な有機化合物を**炭化水素**●といいます．炭化水素は炭素原子の結合のしかたによって分類されます（図6-1）．

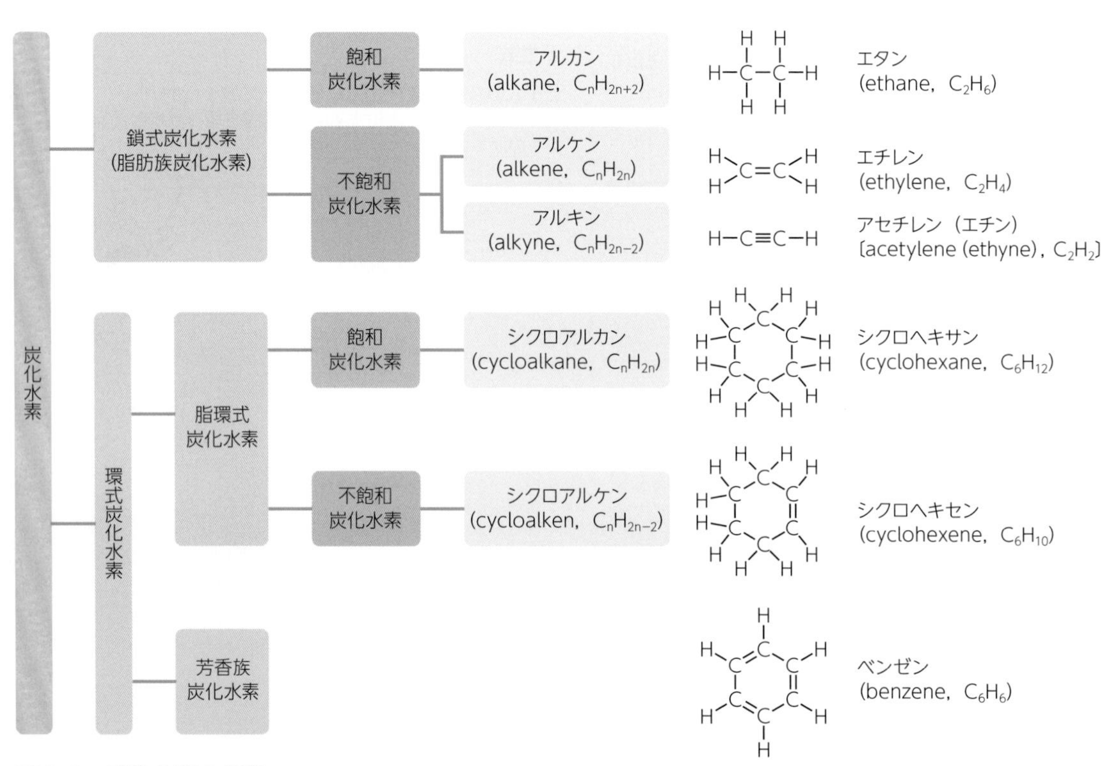

図6-1　炭化水素の分類

炭素と水素のみからできている有機化合物を炭化水素といい，炭素原子の結合のしかたによって分類されます．アセチレンのように有機化合物には複数の名前をもつものもあります．参考文献36をもとに作成．

鎖状と環状

炭素原子が鎖のように鎖状に結合している炭化水素を**鎖式炭化水素**といい，これは**脂肪族炭化水素**ともよばれます．炭素原子が輪のように（環状に）結合している部分を含む炭化水素を**環式炭化水素**といいます．

炭化水素のなかで，炭素原子同士の結合がすべて単結合●（飽和結合ともいう）であるものを**飽和炭化水素**，炭素原子同士の結合に二重結合●や三重結合●（不飽和結合ともいう）を含むものを**不飽和炭化水素**といいます※1．

●単結合，二重結合，三重結合　→2章2-1

※1　飽和と不飽和：二重結合は単結合に変化することで新たに他の原子団（特定の原子の集まり）や原子と共有結合（2章3）を形成する（付加する）ことができます．しかし，単結合の場合はもう他に共有結合を形成することはできません．すなわち，共有結合を追加するには限界の状態，飽和に達した状態といえます．したがって，単結合のみからなる炭化水素を飽和炭化水素，単結合のみからなる化合物を飽和化合物といい，二重結合，三重結合を含む炭化水素を不飽和炭化水素，二重結合，三重結合を含む化合物を不飽和化合物といいます．

鎖式炭化水素

鎖式炭化水素のうち，すべてが単結合である飽和炭化水素を**アルカン**〔分子式：C_nH_{2n+2}，語尾：–アン（-ane）〕，二重結合を1つ含む不飽和炭化水素を**アルケン**〔分子式：C_nH_{2n}，語尾：–エン（-ene）〕，三重結合を1つ含む不飽和炭化水素を**アルキン**〔分子式：C_nH_{2n-2}，語尾：–イン（-yne）〕とよびます．

環式炭化水素

環式炭化水素のうち，すべてが単結合である飽和炭化水素を**シクロアルカン**（分子式：C_nH_{2n}），二重結合を1つ含む不飽和炭化水素を**シクロアルケン**（分子式：C_nH_{2n-2}）といい，これらは**脂環式炭化水素**に分類されます※2．また，環式炭化水素のうち，ベンゼン環のような構造をもつものは，**芳香族炭化水素**に分類されます．

※2　脂環式炭化水素：脂環式炭化水素は，環式炭化水素のうち，芳香族炭化水素に属さないものを指します．環状ですが，性質は脂肪族炭化水素に似ているので，脂肪族炭化水素に含めて分類される場合もあります．

COLUMNS

ベンゼン環

ベンゼン（C_6H_6）は，6個の炭素原子が環状に結合し，それぞれの炭素原子に水素原子が1つずつ結合した，Aのような構造をもっています．このようなベンゼンにみられる炭素骨格のことをベンゼン環といいます．ベンゼンは，通常，Bのように六員環（原子が6つ環状に結合しているもの）に3つの二重結合をもつものとして書かれます．しかし，実際は，ベンゼン環の炭素間の結合の長さはすべて同じ（0.140 nm）で，通常の炭素同士の単結合〔C – C結合（0.154 nm）〕より短く，通常の炭素同士の二重結合〔C = C結合（0.134 nm）〕より長くなります．よって，構造式をCのようにあらわすこともあります．

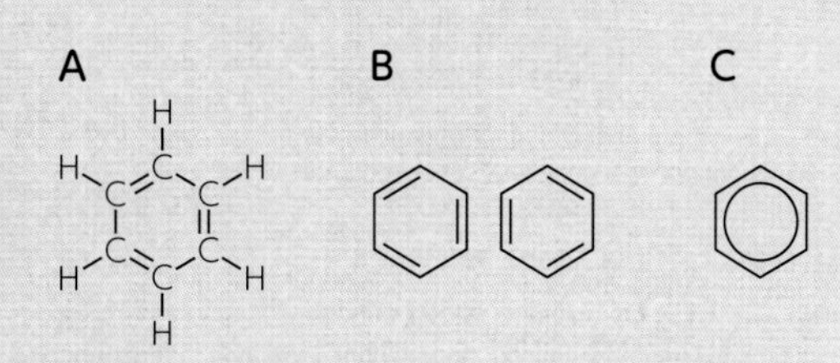

3. 官能基による分類

炭化水素以外の有機化合物は，炭化水素の水素原子Hを他の原子団（特定の原子の集まり）または原子で置き換えた（置換した）構造をもっており，置換した原子団または原子のことを置換基とよびます．例えば，メタノール（CH_3OH）は，メタン（CH_4）の水素原子H 1個を置換基〔－OH（ヒドロキシ基，水酸基）〕で置換した構造です．CH_3－のように，炭化水素から水素原子Hがとれた原子団を**炭化水素基**●と呼び，これは記号Rとして略記することもあります（例：R－OH）．

● 炭化水素基＝hydrocarbon group

一方，ヒドロキシ基（－OH）のように有機化合物の性質に関係する原子団を**官能基**●とよびます．官能基にはさまざまな種類があり（表6-1），同じ官能基を持つ化合物は共通した性質を示します．

● 官能基＝functional group

4. 有機化合物のあらわし方

● 分子式　→2章2-1
● 構造式　→2章2-1

有機化合物は，分子式●，構造式●のほか，示性式でもあらわされます（表6-2）．**示性式**とは，分子式のなかから官能基を抜き出して性質をわかりやすく示した化学式のことで，炭化水素基と官能基を組み合わせたものになります．

また，有機化合物をあらわす際には，さまざまな段階の簡略化した表現が用いられます．まず，構造式からC－CやC－Hの結合（線）を省略する方法を紹介します．この方法は短縮構造●などとよばれます（表6-3）．この方法ではどのような官能基があって，どのように原子が結合しているかという基本的な情報を簡略化して示すことができます．

● 短縮構造＝condensed structure

次に，炭素原子と水素原子を省略する方法を紹介します．この方法は線構造●などとよばれます（表6-3）．この方法では線の両端と2つの線のすべての交点には炭素が存在しており，結合をつくる必要のあるすべての炭素のところには，水素が存在していることになります．なお，これら2種類の簡略化した構造式を書く際に，官能基を省略することはできません．

● 線構造＝line structure

表6-1　有機化合物の主な官能基，結合

官能基の種類	構造	化合物の一般名 一般式	化合物の例	官能基の含まれる生体分子の例
ヒドロキシ基（水酸基）	$-OH$	アルコール $R-OH$	メタノール CH_3-OH	糖質，脂質，アミノ酸，タンパク質，核酸
		フェノール類 $R-OH$	フェノール C_6H_5-OH（ベンゼン環−OH）	
カルボニル基	アルデヒド基（ホルミル基） $-C(=O)-H$	アルデヒド $R-CHO$	アセトアルデヒド CH_3-CHO	糖質
	ケトン基 $-C(=O)-$	ケトン R^1-CO-R^2	アセトン $CH_3-CO-CH_3$	糖質
カルボキシ基	$-C(=O)-OH$	カルボン酸 $R-COOH$	酢酸 CH_3-COOH	脂質（脂肪酸），アミノ酸，タンパク質
アミノ基	$-NH_2$	アミン $R-NH_2$	グリシン $H_2N-C(H)(H)-COOH$	アミノ酸，タンパク質
アミド基	$-C(=O)-NH_2$	アミド $R-CO-NH_2$	アスパラギン $H_2N-C(H)(CH_2-C(=O)-NH_2)-COOH$	アミノ酸
フェニル基	（ベンゼン環−）	$R-C_6H_5$	フェノール C_6H_5-OH（ベンゼン環−OH）	アミノ酸，タンパク質
チオール基	$-SH$	$R-SH$	システイン $H_2N-C(H)(CH_2-SH)-COOH$	アミノ酸，タンパク質
エーテル結合	$-O-$	エーテル R^1-O-R^2	ジエチルエーテル $C_2H_5-O-C_2H_5$	糖質
エステル結合	$-C(=O)-O-$	エステル $R^1-COO-R^2$	酢酸エチル $CH_3-COO-C_2H_5$	脂質
アミド結合	$-C(=O)-N(H)-$	アミド $R^1-CONH-R^2$	アラニルセリン $H_2N-C(H)(CH_3)-C(=O)-N(H)-C(H)(CH_2OH)-COOH$	タンパク質

「炭化水素基＋官能基」の構造をもつ有機化合物は，官能基の種類によって分類されます．R，R^1，R^2は炭化水素基をあらわします．タンパク質中にみられる，アミノ酸同士のアミド結合は特にペプチド結合とよばれます．

表6-2　有機化合物のあらわし方

	エタノール	酢酸	メチルアミン
分子式	C_2H_6O	$C_2H_4O_2$	CH_5N
示性式	C_2H_5OH	CH_3COOH	CH_3NH_2
構造式	H H H−C−C−O−H H H	H O H−C−C−O−H H	H H−C−N(−H)(−H) H

目的に応じて，分子式，示性式，構造式を使い分けます．参考文献36をもとに作成．

表6-3　構造式の簡略化

	ブタン	2-メチルプロパン	1-プロパノール
構造式	H H H H H−C−C−C−C−H H H H H	H H−C−H H H H−C−C−C−H H H H	H H H H−C−C−C−OH H H H
短縮構造	$CH_3CH_2CH_2CH_3$ または $CH_3(CH_2)_2CH_3$	CH_3 CH_3CHCH_3	$CH_3CH_2CH_2OH$ または $CH_3(CH_2)_2OH$
線構造			OH

有機化合物は短縮構造や線構造を用いて簡略化してあらわすことができますが，官能基は省略することはできません．

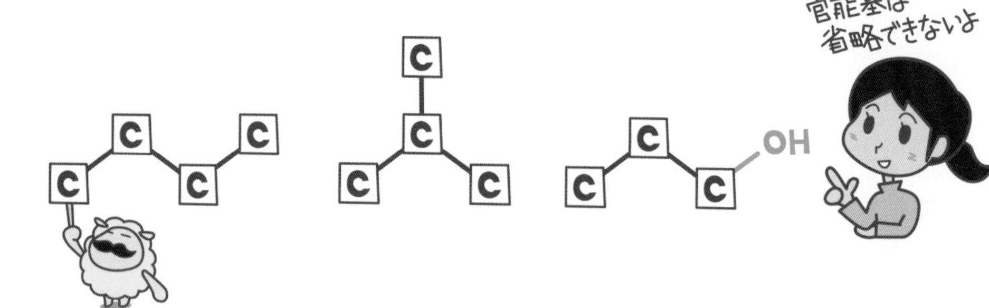

advance

有機化合物のその他のあらわし方

有機化合物のその他のあらわし方には，空間充填（じゅうてん）モデルや球棒モデルなどがあります．空間充填モデル●は，最も実物に近いモデルです．このモデルの原子の大きさや位置は，結合の特性とファンデルワールス半径によって決まります．ファンデルワールス半径とは，共有結合で結ばれていない2個の原子が互いにどこまで近づけるかを表す値（ファンデルワールスの接触距離）のことです．

球棒モデル●は，実際のファンデルワールス半径よりも小さい半径の球であらわすので，空間充填モデルほど実物に似ているわけではありませんが，結合を棒ではっきりとあらわすので，結合の配置がわかりやすくなっています．また，棒の一端を細くして遠近をあらわすので，結合した2個の原子のうち，どちらが紙面の手前側または奥側にあるのかがわかるようになっています．空間充填モデルよりも球棒モデルの方が，複雑な構造をわかりやすくあらわすことができます．

これらのモデルの原子の色は炭素：黒色，水素：白色，窒素：青色，酸素：赤色，硫黄：黄色，リン：紫色などと慣用的に決まっています．

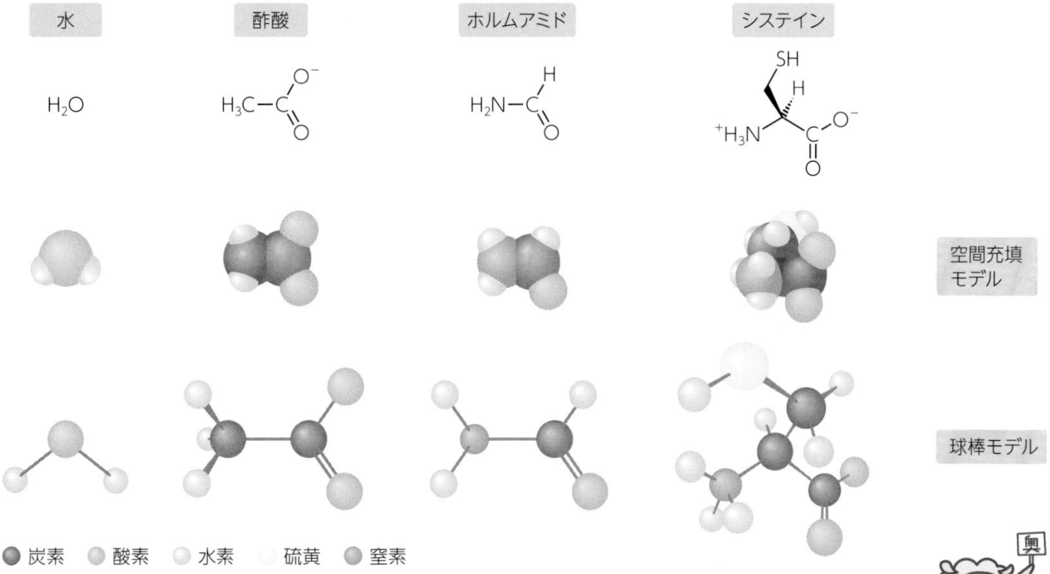

●空間充填モデル＝space-filling model

●球棒モデル＝ball-and-stick model

練 習 問 題

ⓐ 有機化合物の分類

❶ 炭素と水素だけで構成されている有機化合物のことを何とよぶか答えてください.

❷ 鎖式炭化水素のうち，炭素原子同士の結合がすべて単結合である有機化合物のことを何とよぶか答えてください.

ⓑ 有機化合物の官能基による分類（→表6-1）

次の官能基の化学式として適切なものを下の選択肢①～⑤の記号で答えてください.

❶ ケトン基

❷ アミノ基

❸ ヒドロキシ基（水酸基）

❹ カルボキシ基

❺ アルデヒド基

① $-OH$　② $-NH_2$　③ $-\underset{\underset{O}{\|}}{C}-H$　④ $-\underset{\underset{O}{\|}}{C}-$　⑤ $-\underset{\underset{O}{\|}}{C}-OH$

ⓒ 有機化合物のあらわし方（→表6-2，6-3）

❶ 分子式のなかから官能基だけを抜き出してあらわした化学式のことを何とよぶか答えてください.

❷ 次の有機化合物を短縮構造と線構造で描いてください.

```
①    H  H  H  H  H          ②    H  OHH  H
     |  |  |  |  |               |  |  |  |
   H-C--C--C--C--C-H           H-C--C--C--C-H
     |  |  |  |  |               |  |  |  |
     H  H  H  H  H               H  H  |  H
                                       |
                                    H--C--H
                                       |
                                       H
```

練習問題の 解答

a ❶ **炭化水素**

炭化水素は，炭素原子の結合のしかたによって分類されます．炭化水素の分類（本項2）についても併せて確認しておきましょう．

❷ **アルカン**

b ❶ ④

❷ ②

❸ ①

❹ ⑤

❺ ③

官能基にはさまざまな種類がありますが，同じ官能基を持つ化合物は共通した性質を示します．

c ❶ **示性式**

❷

	①	②
短縮構造	$CH_3CH_2CH_2CH_2CH_3$ または $CH_3(CH_2)_3CH_3$	$CH_3CH(OH)CH(CH_3)CH_3$
線構造		OH

有機化合物は，分子式，構造式のほか，示性式や構造式を簡略化したもの（短縮構造や線構造）でもあらわされます．示性式では分子を構成する原子数とともに，分子の性質を示すことができます．短縮構造や線構造については，脂質の項（6章3）でももう一度扱います．有機化合物のあらわし方を整理しておきましょう．

2. 糖質

- 糖質の分類について理解しよう
- 糖質の構造と性質を理解しよう

重要な用語

単糖

糖質の最も基本的な構造単位のこと．加水分解によってこれ以上小さな分子に分けることのできない最小単位の糖質．

異性体

分子式は同じであっても，構造が異なる化合物．

構造異性体

原子の結合の順序が異なる異性体．

立体異性体

原子の空間配置が異なる異性体．

不斉炭素原子

4種類の異なる原子または原子団が結合している炭素原子．

鏡像異性体

立体異性体のうち，重ね合わせることのできない鏡像の関係にあるもの．

ジアステレオマー

立体異性体のうち，鏡像異性体ではないもの．さらに，アノマーとエピマーにわかれる．

還元糖

アルデヒド基に由来する還元性を示す糖．

二糖

2つの単糖が脱水縮合により結合した化合物．1つの単糖のアノマー炭素原子ともう1つの単糖のヒドロキシ基のグリコシド結合によって形成される糖．

多糖

多数の単糖が結合した重合体．

本項以降の内容はすべて生理学・生化学の内容にかかわります．これまでに学んだ化学の知識を振り返りながら学んでいきましょう．

← 生理学 生化学

1. 糖質はエネルギー源！

糖質●は，**炭水化物**●ともよばれ，化学式$C_m(H_2O)_n$であらわされる化合物です．糖質は，語尾にオース（-ose）をつけてあらわされます．普段口にしているご飯やパンには多くの糖質が含まれています．

糖質は生命活動において，エネルギー源としての大きな役割を担います．例えばグルコース●は，主に食物中のデンプン●が消化（加水分解）されることによって生じます．グルコースが，細胞内の解糖系→クエン酸回路→電子伝達系という経路を経て代謝されることによって，生命活動のエネルギー源であるATP●が生成されます．

また，糖質は核酸●の構成成分（リボースやデオキシリボース），脂質●やアミノ酸●などの原料，糖タンパク質や糖脂質●などの構成成分になります．

- 糖質＝sugar
- 炭水化物＝carbohydrate
- グルコース →本項3にて後述
- デンプン →本項6にて後述
- ATP →p181コラム
- 核酸 →6章5
- 脂質 →6章3
- アミノ酸 →6章4
- 糖脂質 →6章3-3

2. 単糖とは？

糖質の最も基本的な構造単位を**単糖**●といい，これは加水分解によってこれ以上小さな分子に分けることのできない最小単位の糖質になります．

単糖を分類する方法には，官能基●の違いによる分類方法と炭素数の違いによる分類方法があります（表6-4）．官能基の違いによる分類では，アルデヒド基（$-C\begin{smallmatrix}\diagup H\\ \diagdown\!\!\!= O\end{smallmatrix}$）をもつものを**アルドース**●，ケトン基（$\gt C=O$）をもつものを**ケトース**●などといいます．炭素数の違いによる分類では，炭素数が3つのものを**トリオース**●，炭素数が4つのものを**テトロース**●，炭素数が5つのものを**ペントース**●，炭素数が6つのものを**ヘキソース**●などといいます※1．

- 単糖＝monosaccharide
- 官能基 →6章1-3
- アルドース＝aldose
- ケトース＝ketose
- トリオース＝triose，三炭糖
- テトロース＝tetrose，四炭糖
- ペントース＝pentose，五炭糖
- ヘキソース＝hexose，六炭糖

※1 単糖の命名：単糖は，3をあらわすトリ（tri），4をあらわすテトラ（tetra），5をあらわすペンタ（penta），6をあらわすヘキサ（hexa）などギリシャ語の接頭語（数詞）の語尾にオース（-ose）をつけてあらわします．このように化合物の命名の際には，原子や原子団の個数をあらわす数詞が用いられます．

化学における数詞

	読み	綴り		読み	綴り
1	モノ	mono	11	ウンデカ	undeca
2	ジ	di	12	ドデカ	dodeca
3	トリ	tri	13	トリデカ	trideca
4	テトラ	tetra	14	テトラデカ	tetradeca
5	ペンタ	penta	15	ペンタデカ	pentadeca
6	ヘキサ	hexa	16	ヘキサデカ	hexadeca
7	ヘプタ	hepta	17	ヘプタデカ	heptadeca
8	オクタ	octa	18	オクタデカ	octadeca
9	ノナ	nona	19	ノナデカ	nonadeca
10	デカ	deca	20	イコサ	icosa

3. 単糖にはさまざまな異性体がある

有機化合物には，分子式が同じであっても，原子の結合のしかたが異なるいくつかの化合物が存在することがあります．分子式は同じであっても構造が異なる化合物を，互いに**異性体**●といいます．単糖に

- 異性体＝isomer

表6-4　代表的な単糖の分類

炭素数による分類		官能基による分類：アルドース（アルデヒド基をもつ）	官能基による分類：ケトース（ケトン基をもつ）
	トリオース（三炭糖）$C_3H_6O_3$	D-グリセルアルデヒド H−C=O H−C−OH CH_2OH	ジヒドロキシアセトン CH_2OH C=O CH_2OH
	テトロース（四炭糖）$C_4H_8O_4$	D-エリトロース H−C=O H−C−OH H−C−OH CH_2OH	D-エリトルロース CH_2OH C=O H−C−OH CH_2OH
	ペントース（五炭糖）$C_5H_{10}O_5$	D-リボース H−C=O H−C−OH H−C−OH H−C−OH CH_2OH D-キシロース H−C=O H−C−OH HO−C−H H−C−OH CH_2OH	D-リブロース CH_2OH C=O H−C−OH H−C−OH CH_2OH D-キシルロース CH_2OH C=O HO−C−H H−C−OH CH_2OH
	ヘキソース（六炭糖）$C_6H_{12}O_6$	D-グルコース H−C=O H−C−OH HO−C−H H−C−OH H−C−OH CH_2OH D-ガラクトース H−C=O H−C−OH HO−C−H HO−C−H H−C−OH CH_2OH D-マンノース H−C=O HO−C−H HO−C−H H−C−OH H−C−OH CH_2OH	D-フルクトース CH_2OH C=O HO−C−H H−C−OH H−C−OH CH_2OH

単糖は，官能基の違い（　）（　）や炭素数の違いによって分類されます．

はさまざまな異性体が存在することが知られています（図6-2）．

▶構造異性体

単糖のうち，炭素数の最も少ないトリオース（三炭糖）には，アルデヒド基●（$-\mathrm{C}\genfrac{}{}{0pt}{}{\diagup\mathrm{H}}{\diagdown\!\!\diagdown\mathrm{O}}$）をもちアルドースに分類されるグリセルアルデヒドと，ケトン基●（$\gt\mathrm{C=O}$）をもちケトースに分類されるジヒドロキシアセトンがあります（表6-4）．これらはどちらも$C_3H_6O_3$という同じ分子式であらわされますが異なる物質ですので，物理的性質（融点や沸点など）や生理作用などが異なります．このように，異性体のうち，分子式が同じで，原子の結合の順序，つまり，構造式が異なるものを**構造異性体**●といいます（図6-2）※2．

●アルデヒド基　→表6-1
●ケトン基　→表6-1

●構造異性体＝structural isomer
※2　構造異性体は炭素原子のつながり方の違いだけでなく，官能基の種類や位置の違い，二重結合などの位置の違いなどによっても生じます．

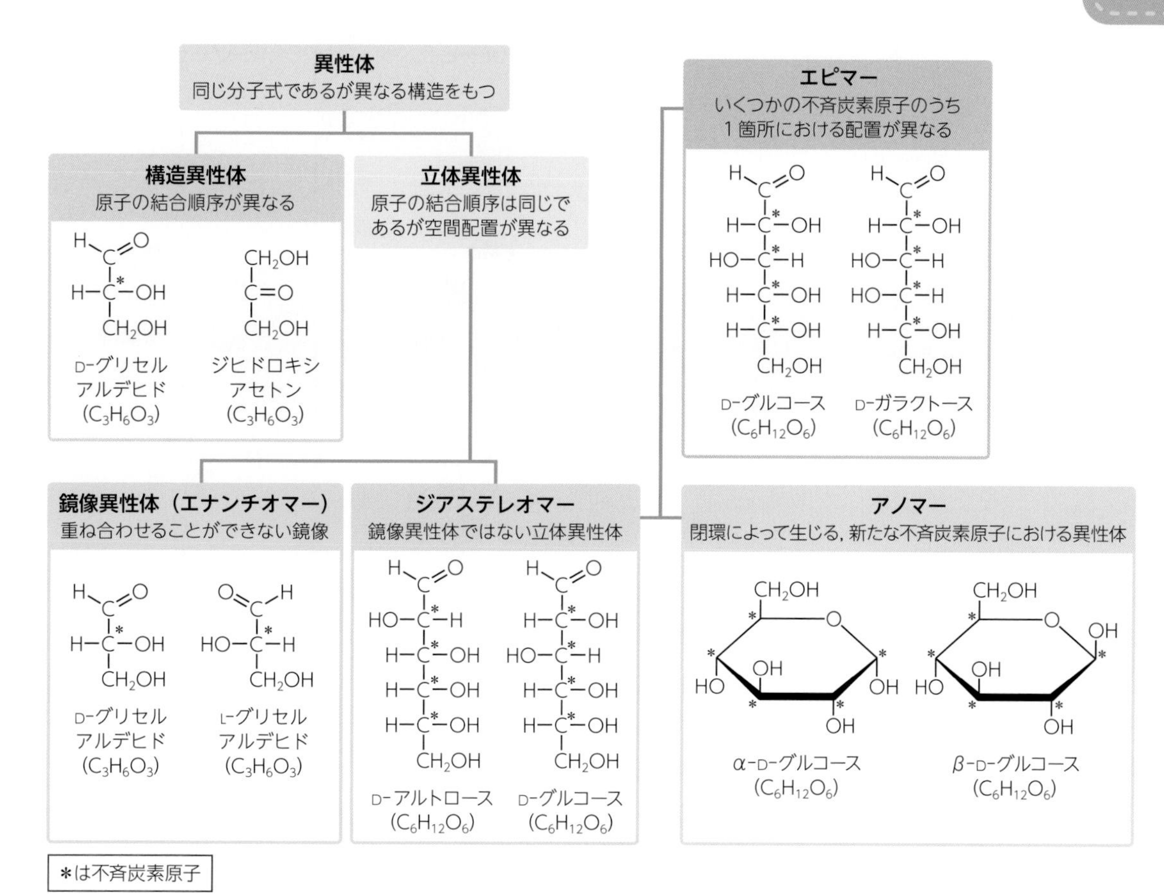

図6-2　糖質の異性体
糖質には，さまざまな異性体が存在します．参考文献24をもとに作成．

立体異性体

原子の立体的な配置（空間配置）が異なる異性体を**立体異性体**とといいます．単糖には，多くの立体異性体も存在します．

● 立体異性体＝stereoisomer

不斉炭素原子

グリセルアルデヒド分子の中央の炭素原子には，ヒドロキシ基（−OH），アルデヒド基（$-\mathrm{C}\genfrac{}{}{0pt}{}{\diagup \mathrm{H}}{\diagdown\!\!\diagdown \mathrm{O}}$），水素原子H，$CH_2OH$基（$-CH_2OH$）が結合しています（図6-3）．このような4種類の異なる原子または原子団が結合している炭素原子を**不斉炭素原子**（ふせい）といいます．

● ヒドロキシ基　→表6-1

● 不斉炭素原子＝asymmetric carbon atom，キラル中心

鏡像異性体

不斉炭素原子をもつ化合物には，互いに重ね合せることのできない2つの立体異性体が存在します．これらのように，鏡に対する実像と

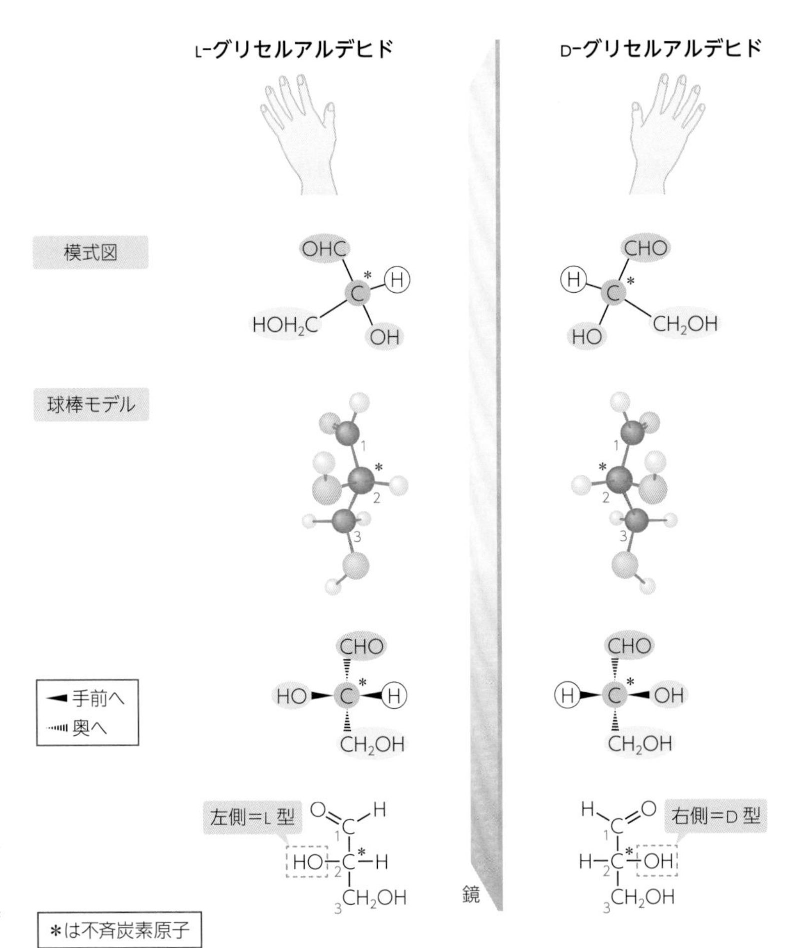

図6-3　グリセルアルデヒドの鏡像異性体

グリセルアルデヒドには，鏡像異性体（L型，D型）が存在します．不斉炭素原子の左側にヒドロキシ基（$-OH$）がある場合をL型，右側にヒドロキシ基（$-OH$）がある場合をD型とよびます．

● キラル＝chiral

● 鏡像異性体＝エナンチオマー，enantiomer

● 旋光性　→p138 advance

● 光学異性体＝optical isomer

※3　天然の糖：天然に存在する糖のほとんどはD型といわれていますが，ラムノース，フコース，アラビノースという糖は，天然にL型が存在することが知られています．

鏡像（または右手と左手）の関係にあるもの（キラル●）を互いに**鏡像異性体**●であるといいます（図6-2，6-3）．鏡像異性体は，物理的性質（融点や沸点など）や化学的性質（反応性など）は同じであることが多いですが，ある種の光学的性質（旋光性（せんこうせい）●）が異なるので，**光学異性体**●ともよばれます．なお，これら1対の鏡像異性体は，L-，D-の記号をつけてL型（L体），D型（D体）として区別します．自然界に存在する天然の糖のほとんどはD型です※3．

図6-3で示したグリセルアルデヒドの球棒モデルをみると，ヒドロキシ基（$-OH$）と水素原子Hは2位の炭素原子の手前，アルデヒド基（$-C\begin{smallmatrix}\diagup H\\ \diagdown\!\!\diagdown O\end{smallmatrix}$）と$-CH_2OH$基は2位の炭素原子の奥に位置していることがわかります．このような結合の方向を示すために，くさび形の線を用います．炭素原子から離れた側が太くなった実線（◀）は，結合が紙面から手前に（読者のほうに）向いていることをあらわします．

一方，炭素原子から離れた側が太くなった破線（⋯ıııl）[※4]は，結合が紙面から奥に向いていることをあらわします（図6-3）．2つの鏡像異性体のうち，不斉炭素原子に結合するヒドロキシ基（－OH）の位置が左に描かれるものをL-グリセルアルデヒド，右側に描かれるものをD-グリセルアルデヒドとよびます（図6-3）．

※4　くさび形の破線（⋯ıııl）は（----）であらわすこともあります．

フィッシャー投影式と鏡像異性体

フィッシャー投影式は平らな紙面に立体異性体を含む立体的な配置を表現する方法です．

この方法では，不斉炭素原子Cを2つの線の交差する交点としてあらわします．炭素原子から手前（紙面の上側）に向いている結合（くさび形実線：W►C◄X）は水平（横線）の線（W－X）としてあらわし，炭素原子から奥（紙面の下側）に向いている結合（くさび形破線：Yıııı⋯C⋯ıııZ）は垂直（縦）の線（Y－Z）としてあらわします．

また，単糖のアルデヒド基（－CHO）あるいはケトン基（>C＝O）を常に上に書きます．

不斉炭素原子が複数存在する分子の場合は，垂直（縦）の線上に複数の不斉炭素原子を一列に描きます．上に描いてある炭素原子から順番に番号をつけて，最も大きな番号がつけられた不斉炭素原子に結合するヒドロキシ基（－OH）の位置によって，右側にくるものをD型，左側にくるものをL型と区別します．

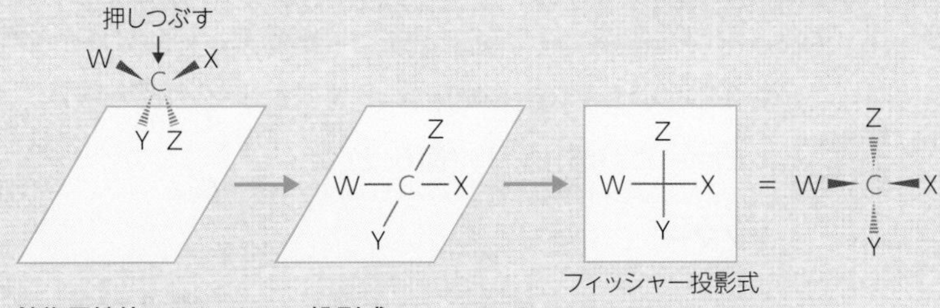

鏡像異性体のフィッシャー投影式

例：L-グリセルアルデヒド

紙面の上側の結合　紙面の下側の結合

CHO / HO—+—H / CH_2OH（フィッシャー投影式） ＝ HO►C◄H（上：CHO，下：CH_2OH） ＝

不斉炭素原子が複数存在する分子のD型，L型の区別

例：グルコース

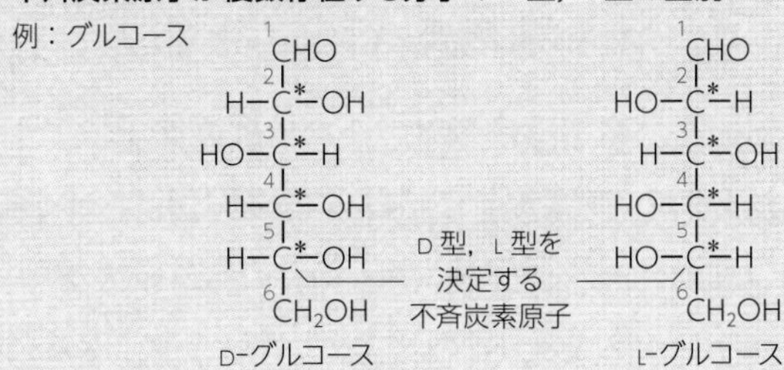

*は不斉炭素原子

advance

旋光性について

自然光の振動面は，あらゆる方向を向いていますが，偏光板を通すと，一方向のみで振動する偏光が得られます．その振動面のことを偏光面といいます．

偏光面を回転させる性質を旋光性といい，通過してくる光に向かって右（時計まわり）に回転させる性質を右旋性（+），左（反時計まわり）に回転させる性質を左旋性（−）とよびます．

有機化合物の旋光性は鏡像異性体でみられます．旋光性の大きさは旋光度であらわされ，鏡像体の一方が右旋性であれば，他方は左旋性となり，その回転角は等しいことが知られています．しかし，D型であるかL型であるかと，旋光性が右旋性であるか左旋性であるかは関係がないことに注意しなければなりません．

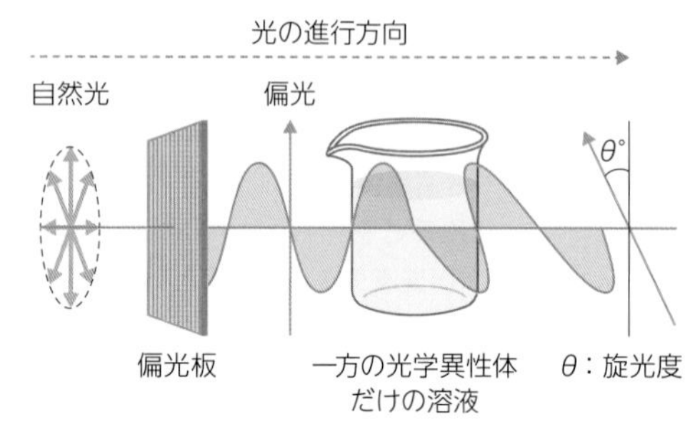

● ジアステレオマー

4個以上の炭素原子からなる単糖は，複数の不斉炭素原子をもつため，鏡像異性体だけでなく，互いに鏡像でないジアステレオマー●としても存在します（図6-2）．ジアステレオマーは，さらに，アノマーとエピマーにわかれます（図6-2）．

● ジアステレオマー＝diastereomer

● アノマー

単糖のうち，炭素数が6のヘキソース（六炭糖）には，アルデヒド基をもちアルドースに分類されるD-グルコース●などと，ケトン基をもちケトースに分類されるD-フルクトース●があります（表6-4）．

D-グルコースは，血液中を循環し●，各組織に運ばれ，主なエネルギー源として利用されます．D-グルコースの構造において，アルデヒド基（$-\mathrm{C}{<}^{\mathrm{H}}_{\mathrm{O}}$）の炭素を1位の炭素原子といい，その他の炭素原子を順番に2位，3位，4位，5位，6位の炭素原子とよびます（図6-4ⓐ）．D-グルコースは，水溶液中では，1位の炭素原子のアルデヒド基（$-\mathrm{C}{<}^{\mathrm{H}}_{\mathrm{O}}$）と5位の炭素原子に結合しているヒドロキシ基（−OH）が反応して（図6-4ⓐ〜ⓓ），酸素原子を含む六員環状の環状構造（ヘミアセタール）※5が2種類（α型とβ型）できます（図6-4ⓔ，ⓕ）．

● グルコース＝glucose，ブドウ糖

● フルクトース＝fructose，果糖

● 血液中の糖 →p145コラム

※5　ヘミアセタール（hemiacetal）：カルボニル基〔アルデヒド基（$-\mathrm{C}{<}^{\mathrm{H}}_{\mathrm{O}}$）やケトン基（$>\mathrm{C=O}$）〕とヒドロキシ基（−OH）が反応してできます．同じ炭素原子にヒドロキシ基（−OH）とエーテル（−OR基，表6-1参照）の両方が結合している化合物になります．

$-\mathrm{C}{=}\mathrm{O} + \mathrm{H}{-}\mathrm{O}{-}\mathrm{R^1} \rightleftarrows -\mathrm{C}(\mathrm{O}{-}\mathrm{R^1}){-}\mathrm{O}{-}\mathrm{H}$

アルデヒドまたはケトン　アルコール　ヘミアセタール

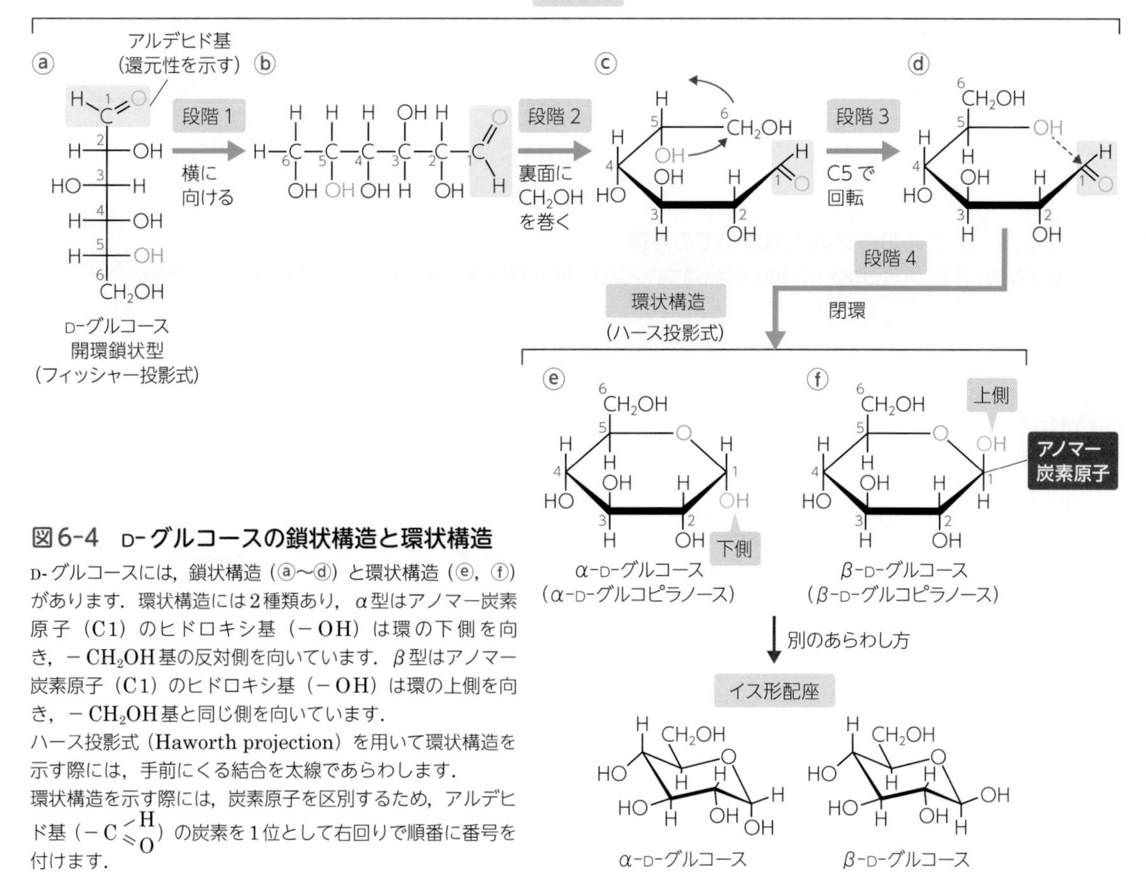

図6-4　D-グルコースの鎖状構造と環状構造

D-グルコースには，鎖状構造（ⓐ〜ⓓ）と環状構造（ⓔ，ⓕ）があります．環状構造には2種類あり，α型はアノマー炭素原子（C1）のヒドロキシ基（－OH）は環の下側を向き，$-CH_2OH$基の反対側を向いています．β型はアノマー炭素原子（C1）のヒドロキシ基（－OH）は環の上側を向き，$-CH_2OH$基と同じ側を向いています．
ハース投影式（Haworth projection）を用いて環状構造を示す際には，手前にくる結合を太線であらわします．
環状構造を示す際には，炭素原子を区別するため，アルデヒド基（$-C\genfrac{}{}{0pt}{}{\diagup H}{\diagdown\!\!\!= O}$）の炭素を1位として右回りで順番に番号を付けます．

この時，環状構造をつくることによって新たに不斉炭素原子となる炭素（C1）を**アノマー炭素原子**●といいます．なお，単糖の環状構造については，原子の立体配置を示した構造（イス形配座）のようなあらわし方も使われます（**図6-4最下段**）．

●アノマー炭素原子＝anomeric carbon atom

α型はアノマー炭素原子（C1）のヒドロキシ基（－OH）が下側を向いており，$-CH_2OH$基の反対側にあります．**β型**はアノマー炭素原子（C1）のヒドロキシ基（－OH）が上側を向いており，$-CH_2OH$基と同じ側にあります．このように単糖が環状構造をとる際に生じるアノマー炭素原子（C1）の置換基●の配置のみが異なる2種類の立体異性体のことを互いに**アノマー**●であるといいます（**図6-2**）．結晶のグルコースはほとんどが環状のα型として存在していますが，水に溶かすと鎖状構造と2種類（α型とβ型）のアノマー間で平衡状態●となります（**図6-5**）．

●置換基　→6章1-3

●アノマー＝anomer

●平衡状態　→5章2-1

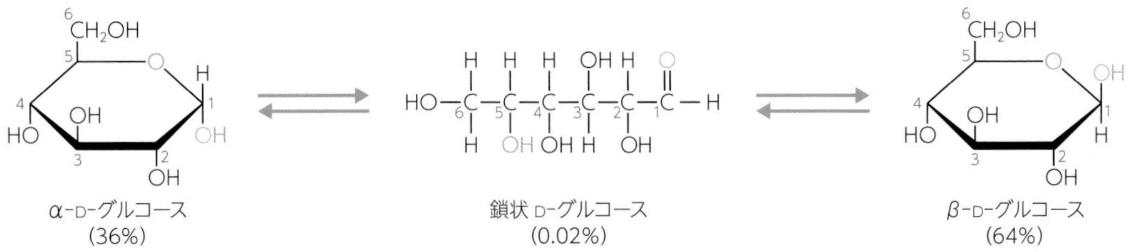

α-D-グルコース
(36%)

鎖状 D-グルコース
(0.02%)

β-D-グルコース
(64%)

図6-5　D-グルコースの水溶液中での平衡

D-グルコースは，水に溶かすと，鎖状構造と2つのアノマー間で平衡状態となります．参考文献31をもとに作成．

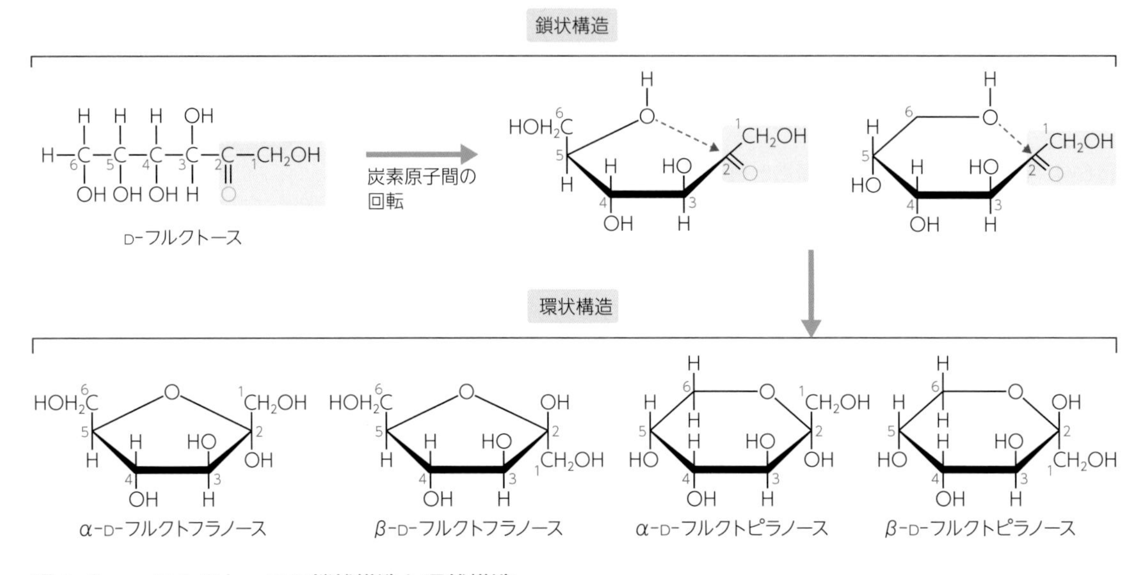

図6-6　D-フルクトースの鎖状構造と環状構造

D-フルクトースには，鎖状構造と環状構造（五員環構造のα型とβ型，六員環構造のα型とβ型）があります．

D-フルクトースは代表的なケトースです（**図6-6**）．2位の炭素原子に結合しているケトン基（＞C＝O）が5位の炭素原子に結合しているヒドロキシ基（－OH）と結合すると五員環の環状構造（ヘミアセタール），6位の炭素原子に結合しているヒドロキシ基（－OH）と結合すると六員環の環状構造（ヘミアセタール）になります[※6]．五員環と六員環の場合のそれぞれにα型，β型のアノマーが存在するので，フルクトースの環状構造は計4種類となります（**図6-6**）．したがって，フルクトースは水溶液中では，鎖状構造と4種類（五員環のα型とβ型，六員環のα型とβ型）のアノマー間で平衡状態となります[※7]．

※6　ケトン基（＞C＝O）とヒドロキシ基（－OH）からできる生成物をヘミケタール（hemiketal）とよんで区別することもあります．

※7　フルクトースの水溶液中の平衡状態：40℃の水溶液中では，六員環のβ型が約50％，五員環のβ型が約30％，五員環のα型が約10％，残り2種類（六員環のα型，鎖状構造）が微量で平衡状態にあります．

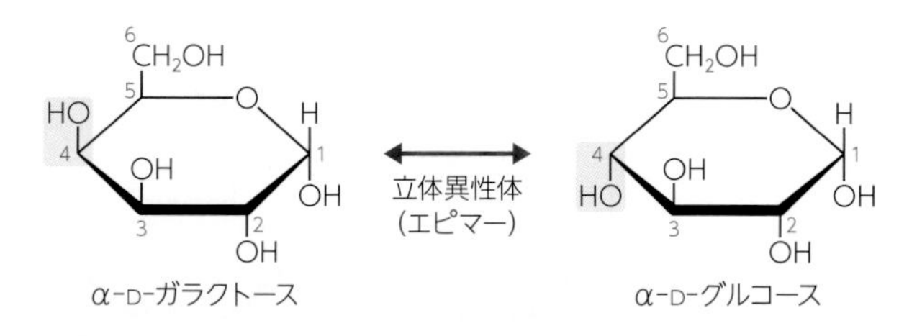

図6-7　α-D-ガラクトースの環状構造
D-ガラクトースは，D-グルコースの立体異性体（エピマー）です．

● エピマー

その他の単糖にD-ガラクトース●があります．D-ガラクトースは，D-グルコースの立体異性体（**エピマー**●，図6-2）です．D-ガラクトースとD-グルコースは，複数ある不斉炭素原子のうち，4位の炭素原子に結合している水素原子Hとヒドロキシ基（－OH）の立体配置のみが逆になっています（図6-7）．

4. 単糖の性質

単糖はヒドロキシ基（－OH）をたくさん持っています．ヒドロキシ基は水分子（H_2O）と水素結合●をつくることができるので，単糖は水によく溶けるという性質をもっています．

アルデヒド（$\mathrm{R-C}^{\diagup \mathrm{H}}_{\diagdown\!\!\diagdown \mathrm{O}}$）は酸化されることによって，カルボン酸●（$\mathrm{R-C}^{\diagup \mathrm{OH}}_{\diagdown\!\!\diagdown \mathrm{O}}$）に変化します．すなわち，アルデヒドは還元性●をもっています．したがって，単糖のうちアルデヒド基（$\mathrm{-C}^{\diagup \mathrm{H}}_{\diagdown\!\!\diagdown \mathrm{O}}$）をもつアルドースは，アルデヒド基（$\mathrm{-C}^{\diagup \mathrm{H}}_{\diagdown\!\!\diagdown \mathrm{O}}$）に由来する還元性を示します．このように還元性を示す糖のことを**還元糖**●といいます※8．

5. 二糖の構造と性質

二糖●は，2つの単糖が脱水縮合●した化合物です．具体的には，1つの単糖のアノマー炭素原子（C1）についているヒドロキシ基（－OH）ともう1つの単糖のヒドロキシ基（－OH）が脱水縮合して形成する**グリコシド結合**●とよばれる共有結合によってつながります※9．

● ガラクトース＝galactose
● エピマー＝epimer
● 水素結合　→2章2-3
● カルボン酸　→表6-1
● 還元性　→4章2
● 還元糖＝reducing sugar

※8　還元糖の検出：銅イオン（Cu^{2+}，銅の酸化数＝＋2）を含む青色のベネジクト試薬やフェーリング液に還元糖を加えて加熱すると，酸化銅（Ⅰ）（Cu_2O，銅の酸化数＝＋1）の赤色～赤褐色の沈殿が生じます．塩基性の溶液中で反応させるので，アルドースのみでなく，ケトースも検出することができます．ケトン（R^1-CO-R^2，表6-1参照）は一般的には酸化されませんが，ケトン基の隣にヒドロキシ基のついた炭素（$-CO-CH_2OH$）を持つケトースは塩基性条件における反応によってアルドースとなるため還元性をもつようになります．

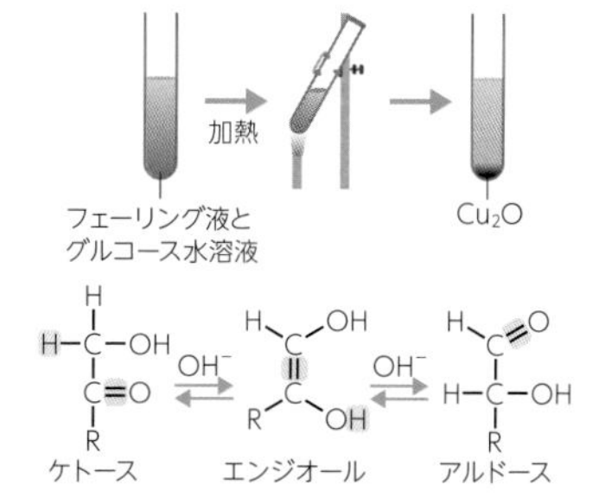

● 二糖＝disaccharide
● 脱水縮合　→2章2-4
● グリコシド結合＝glycoside bond

※9　グリコシド（glycoside）：ヘミアセタールは水の脱離を伴ってアルコール（表6-1参照）と反応し，アセタールを形成します．このアセタールはグリコシド（配糖体）とよばれます．ヘミは半分の意味です．アセタールには2つのエーテル（－OR基）が結合しているのに対し，ヘミアセタール（本項※5）には半分（1つ）のエーテル（－OR基）が結合しています．

$$\mathrm{-C(OR^1)-O-H} + \mathrm{R^2-O-H} \rightleftarrows \mathrm{-C(OR^1)-O-R^2} + \mathrm{H_2O}$$

ヘミアセタール　アルコール　アセタール

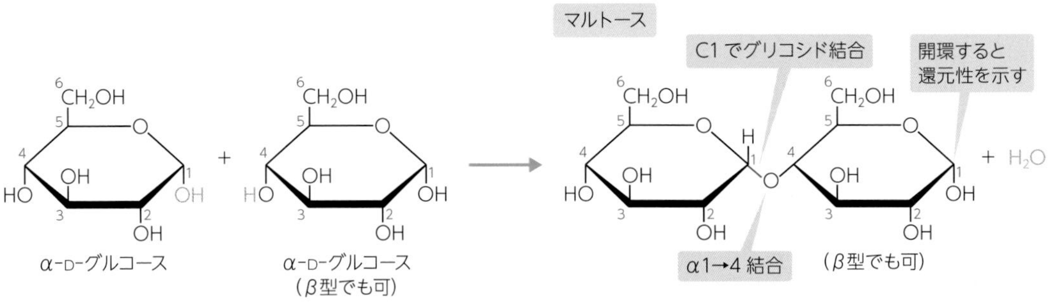

図6-8　マルトースにおけるグリコシド結合
マルトースは，1つのα-D-グルコースの1位の炭素原子（アノマー炭素原子）ともう1つのD-グルコース（α型，β型のどちらでも可）の4位の炭素原子が，酸素原子を介してつながったものです．

▶ マルトース

● マルトース＝maltose，麦芽糖

● α1→4結合＝α-1,4結合

マルトースは，1つのα-D-グルコースの1位の炭素原子（アノマー炭素原子）ともう1つのD-グルコース（α型，β型のどちらでも可）の4位の炭素原子が，酸素原子を介して結合（グリコシド結合）したものです（**図6-8**）．この結合は**α1→4結合**ともいいます．マルトースの場合，4位のヒドロキシ基（−OH）を提供した側のグルコースが環を開いて鎖状構造になると還元性を持つアルデヒド基 $\left(-\mathrm{C}\begin{smallmatrix}\diagup\mathrm{H}\\ \diagdown\mathrm{O}\end{smallmatrix}\right)$ を生じるので還元糖となります．

▶ ラクトース

● ラクトース＝lactose，乳糖

● β1→4結合＝β-1,4結合

ラクトースは，β-D-ガラクトースとD-グルコース（α型，β型のどちらでも可）が**β1→4結合**したものです（**図6-9左**）．ラクトースもマルトースと同じ理由で還元糖となります．

▶ スクロース

● スクロース＝sucrose，ショ糖

● α1→β2結合＝α-1,2結合

スクロースは，α-D-グルコースとβ-D-フルクトースが**α1→β2結合**したものです（**図6-9右**）．スクロースは2つともアノマー炭素原子が結合に使われており，環を開くことができないため還元糖ではありません．

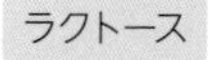

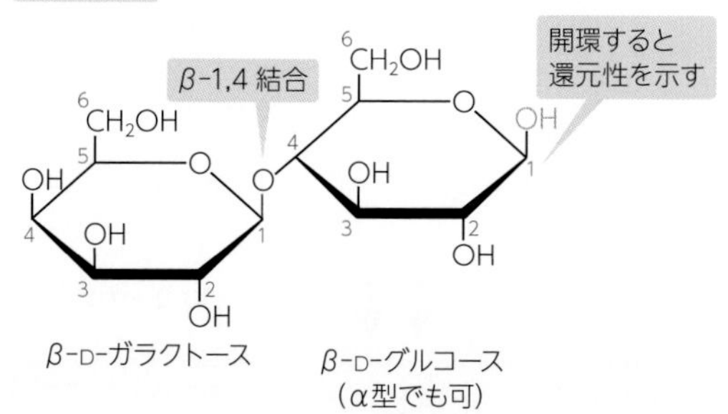

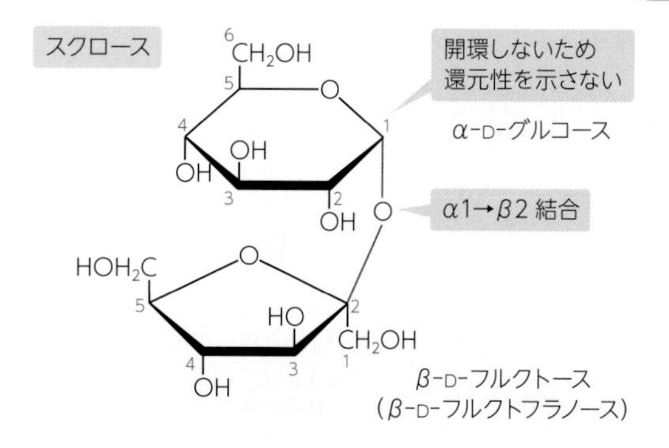

図6-9　ラクトースとスクロースの形成
ラクトースは，β-D-ガラクトースとD-グルコース（α型，β型のどちらでも可）がβ1→4結合したものです．スクロースは，α-D-グルコースとβ-D-フルクトースがα1→β2結合したものです．

6. 多糖の構造と性質

多糖●は多数の単糖がグリコシド結合によってつながった重合体（ポリマー）●です．

●多糖＝polysaccharide
●重合体　→2章2-4

▶デンプン

デンプン●は**アミロース**●と**アミロペクチン**●の混合物●です．アミロースは多数のα-D-グルコースがα1→4結合によってつながり，らせん構造となっています（図6-10A）※10．一方，アミロペクチンは，α-D-グルコースのα1→4結合の鎖だけでなく，α1→6結合による枝分かれのある構造を含みます（図6-10B）．このアミロースとアミロペクチンの含有割合はデンプンの種類によって異なります．デンプンは，植物における糖類の貯蔵に関係しています．

●デンプン＝starch
●アミロース＝amylose
●アミロペクチン＝amylopectin
●混合物　→1章1-1
※10　ヨウ素-デンプン反応：アミロースのもつらせん構造の中央の空洞にヨウ素分子（I_2）が取り込まれることによって青色を呈します．アミロペクチンでは，赤紫色を呈します．

▶グリコーゲン

グリコーゲン●は，アミロペクチンと同じくα1→4結合に，α1→6結合●による枝分れが加わった構造です（図6-10B）．特徴はアミロペクチンよりα1→6結合による枝分かれの多い構造となっています．グリコーゲンは，動物における糖類の貯蔵に関係しています．ヒトの体内では，肝臓と筋肉に多く蓄えられています．

●グリコーゲン＝glycogen
●α1→6結合＝α-1,6結合

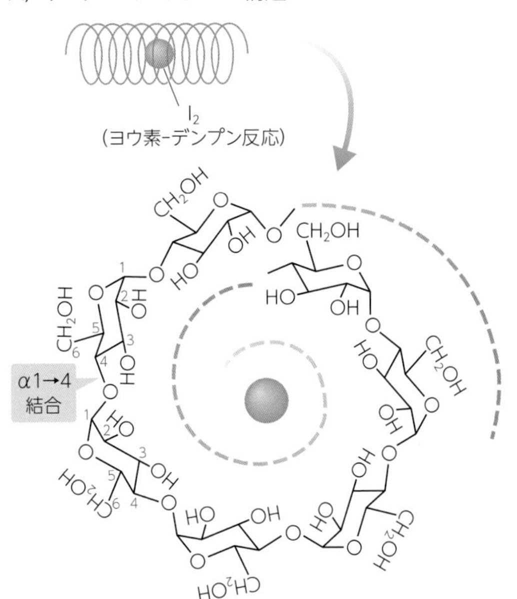

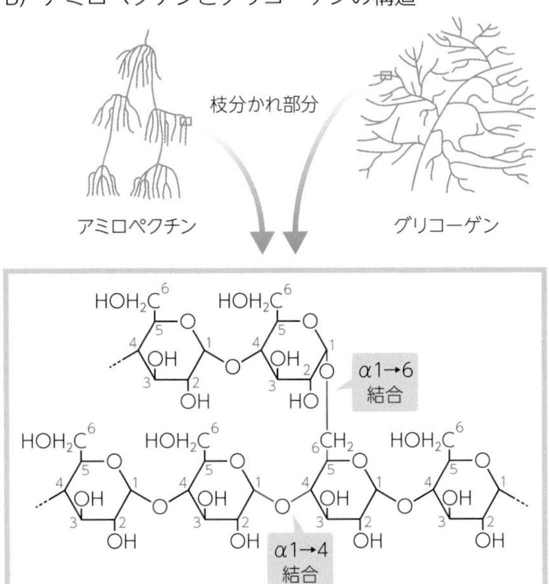

図6-10　アミロース，アミロペクチン，グリコーゲン

デンプンはアミロースとアミロペクチンから構成されます．A）アミロースは，α-D-グルコースがα1→4結合でつながったものでらせん構造をしています．B）アミロペクチンやグリコーゲンは，α-D-グルコースがα1→4結合とα1→6結合でつながった枝分かれ構造をしています．グリコーゲンの結合はアミロペクチンより枝分かれの多い構造をしているのが特徴です．参考文献7をもとに作成．

▶セルロース

●セルロース＝cellulose

セルロース●は，多数のβ-D-グルコースがβ1→4結合によってつながり，長い直鎖状の立体配置となっています（図6-11）．複数の平行な鎖が水素結合により繊維をつくり，強固な支持構造となっています．セルロースは植物細胞の細胞壁の構成成分として知られています．また，ヒトの消化酵素ではセルロース中のβ1→4結合によるつながりが切断できないため，単糖として体内に吸収されにくい性質があります．このように，ヒトの消化酵素で分解されない物質は**食物繊維**とよばれます．

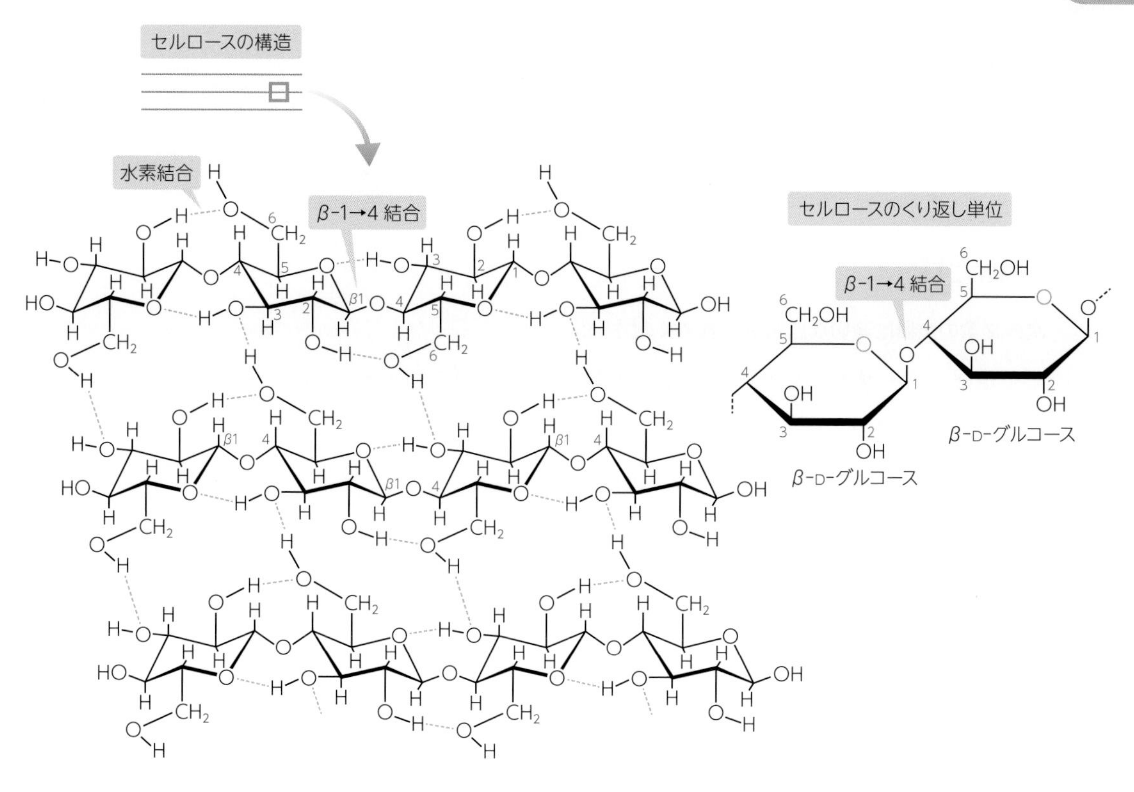

図6-11　セルロース
セルロースは，β-D-グルコースがβ1→4結合で多数つながった直鎖状の構造が基本となります．複数の平行な鎖が水素結合により繊維をつくり，強固な支持構造をとります．

血糖値 生化学 生理学

血液中に含まれる糖（グルコース）を血糖とよび，その濃度のことを血糖値といいます．血糖値は，肝臓や筋肉のグリコーゲンの合成や分解，ホルモンなどによる影響を受けています．血糖値を上げるホルモンは多数ありますが，下げるホルモンはインスリンしかありません．インスリンは膵臓ランゲルハンス島のβ細胞から分泌され，血流に乗って移動し，細胞膜上の受容体に結合します（水溶性ホルモン）．インスリンの生理作用としては，グリコーゲン合成の促進，グルコースの細胞への取り込みの促進，脂肪分解の抑制，そして血糖値の低下作用などがあります．

練 習 問 題

ⓐ 単糖とは

次の文章の空欄に適切な語句を入れてください.

糖は,（①）基または（②）基をもつ化合物である.（①）基をもつ糖を（③）といい,（②）基をもつ糖をケトースという.

また, 単糖は, 炭素数の違いによって分類される. 炭素数が5つの糖を（④）, 炭素数が6つの糖を（⑤）とよぶ.

ⓑ 単糖の構造

次の文章の空欄に適切な語句を入れてください.

糖は,（①）をもつため, 鏡像異性体が存在する. 1対の鏡像異性体は物質名の前に（②）や（③）をつけて区別する.

ⓒ 単糖の性質

還元性を示す糖を何とよぶか答えてください.

ⓓ 二糖の構造と性質

次の文章の空欄に適切な語句を入れてください.

ラクトースは,（①）と（②）が（③）結合によりつながった構造をもち, 還元性を（④）. スクロースは, 還元性を（⑤）. スクロースを加水分解して得られる（⑥）と（⑦）は還元性を（⑧）.

ⓔ 多糖の構造と性質

次の文章の空欄に適切な語句を入れてください.

デンプンは（①）と（②）という2つの成分からなる.（①）は（③）が（④）結合で直鎖状に連なったものである.（②）は（①）の直鎖に加え,（⑤）結合による枝分かれ構造をもつ.

練習問題の 解答

a **①アルデヒド，②ケトン，③アルドース，④ペントース（五炭糖），⑤ヘキソース（六炭糖）**

単糖の分類法には，官能基の違いによる分類法と炭素数の違いによる分類法があります．単糖の炭素原子数は，ペンタ（5），ヘキサ（6）などの接頭語をつけてあらわされます．

b **①不斉炭素原子，②L，③D**（②と③は順不同）

4種類の異なる原子または原子団が結合している炭素原子のことを不斉炭素原子とよびます．不斉炭素原子をもつ化合物には，原子または原子団の立体的な配置が異なり，互いに重ねることのできない2種類の異性体である鏡像異性体（光学異性体）が存在します．

c **還元糖**

単糖は基本的にすべて還元作用をもちます．

d **①β-D-ガラクトース　②D-グルコース　③β1→4（β-1,4）　④示す　⑤示さない　⑥α-D-グルコース　⑦β-D-フルクトース　⑧示す**（①と②，⑥と⑦は順不同）

二糖は還元性を示すものと示さないものがあります．マルトースとラクトースは，ヒドロキシ基（－OH）を提供した側のグルコースの環が開いて鎖状構造になると還元性をもつアルデヒド基（－CHO）を生じるので，還元性を示します．しかし，スクロースはアノマー炭素原子が2つとも結合に使われており，環を開くことができないため，還元性を示しません．

e **①アミロース　②アミロペクチン　③D-グルコース　④α1→4（α-1,4）　⑤α1→6（α-1,6）**

デンプン中のアミロースとアミロペクチンの含有割合はデンプンの種類によって異なります．

3. 脂質

- 脂質を構成する脂肪酸について理解しよう
- 脂質の種類とその構造について理解しよう

重要な用語

脂質

水になじまない性質をもつ有機化合物の総称.

脂肪酸

炭化水素鎖とカルボキシ基からなる化合物.

飽和脂肪酸

脂肪酸のうち，炭化水素基の中にある炭素原子同士の結合がすべて単結合のもの.

不飽和脂肪酸

脂肪酸のうち，炭化水素基の中にある炭素原子同士の結合に二重結合を含むもの.

単純脂質

炭素，水素，酸素のみで構成される脂質.

複合脂質

炭素，水素，酸素以外の元素を含んでいる脂質.

1. 脂質とは？

脂質●は，水になじまない性質をもつ有機化合物の総称であり，食事の中で摂取する機会も多い「あぶら」です．脂質は，生体においてエネルギー源（9 kcal/g）として蓄えられたり，生体膜や生理活性物質などの材料として使われます．生理学・生化学では，生体に存在するさまざまな脂質の種類とその分布や機能のほか，食品に含まれている脂質の消化吸収，体内における脂質代謝などを扱うため，脂質を構成する脂肪酸や脂質の種類・構造などについて理解しておくことが必要です．

●脂質＝lipid

2. 脂肪酸とは？

脂肪酸●は脂質を構成する成分で，炭素と水素が鎖状につながった炭化水素基●（鎖式炭化水素基）とカルボキシ基●（－COOH）からなる化合物です．

●脂肪酸＝fatty acid

●炭化水素基 →6章1-3
●カルボキシ基 →表6-1

▶炭素数，結合による分類

●炭素数

脂肪酸は多くの場合，偶数個の炭素原子をもち，その炭素数の違いによって，炭素数の少ないものから順に，短鎖脂肪酸，中鎖脂肪酸，長鎖脂肪酸などにわけられます※1．

●二重結合の有無

脂肪酸のうち，炭化水素基の中にある炭素原子同士の結合がすべて単結合●であるものを**飽和脂肪酸**●，炭化水素基のなかにある炭素原子同士の結合に二重結合●を含むものを**不飽和脂肪酸**●とよびます（図6-12）．不飽和脂肪酸のうち，二重結合が1つのみのものを**一価不飽和脂肪酸**●，2つ以上あるものを**多価不飽和脂肪酸**●といいます．

炭化水素基に二重結合が存在すると，回転ができなくなるため，立体異性体●（**シス-トランス異性体**，図6-13）が生じます．二重結合を軸として，置換基が同じ側に位置している異性体のことを**シス形**●，異なる側に位置している異性体を**トランス形**●とよびます．飽和脂肪酸の炭素間は単結合のみの直線状（直鎖状）になっています．一方，不飽和脂肪酸は，シス形の二重結合によって折れ曲がっています（図6-12）※2．

※1 脂肪酸の炭素数による分類：定義によって異なりますが，炭素数が1～7のものを短鎖脂肪酸（低級脂肪酸），8～12のものを中鎖脂肪酸（中級脂肪酸），13以上のものを長鎖脂肪酸（高級脂肪酸）とよびます．さらに，21以上のものは極長鎖脂肪酸，26以上のものは超長鎖脂肪酸とよばれることもあります．

●単結合 →2章2-1
●飽和脂肪酸＝saturated fatty acid
●二重結合 →2章2-1
●不飽和脂肪酸＝unsaturated fatty acid
●一価不飽和脂肪酸＝monounsaturated fatty acid
●多価不飽和脂肪酸＝polyunsaturated fatty acid
●立体異性体 →6章2-3
●シス形＝*cis* form
●トランス形＝*trans* form

※2 不飽和脂肪酸の異性体：炭化水素基に二重結合が存在すると，シス－トランス異性体が生じますが，生体内にあるのはほとんどがシス形の脂肪酸であるといわれています．

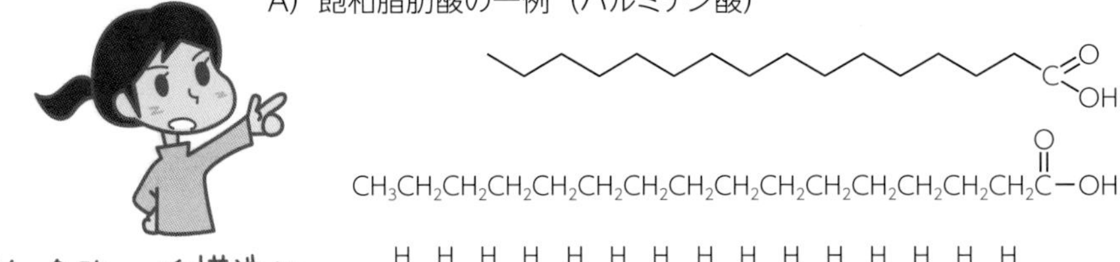

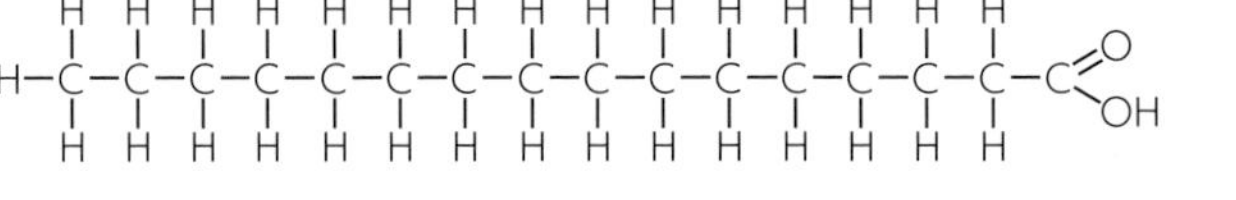

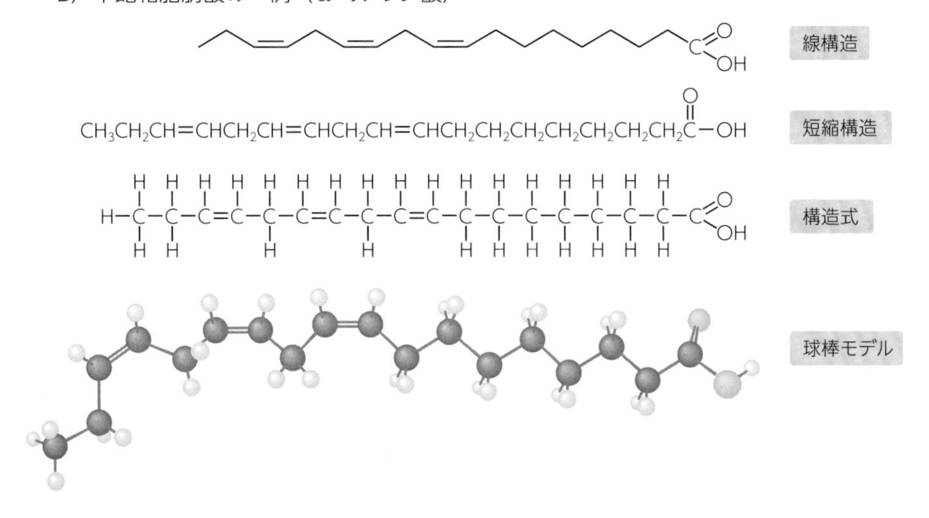

図6-12　脂肪酸の例

脂肪酸のうち，炭化水素基の中にある炭素原子同士の結合がすべて単結合のものを飽和脂肪酸，二重結合を含むものを不飽和脂肪酸とよびます．A）飽和脂肪酸のパルミチン酸であり，炭素数16で炭化水素基が単結合のみでできています．B）不飽和脂肪酸のα-リノレン酸であり，炭素数18で，炭化水素基に3つの二重結合が含まれています．

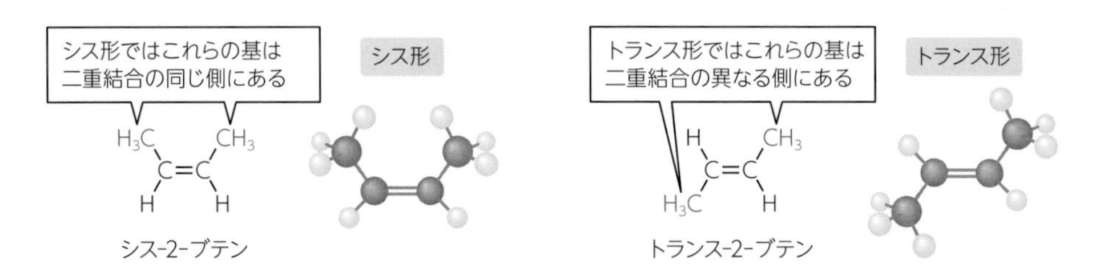

図6-13　シス-トランス異性体

炭素－炭素間が二重結合になると，回転ができなくなります．このため，シス形とトランス形の2つの異性体が生じます．参考文献33をもとに作成．

表6-5　不飽和脂肪酸の例

慣用名	構造式	短縮表記	系
オレイン酸	17 15 13 11 8 6 4 2 1 O / 18 (ω1) 16 14 12 10 (ω9) 9 7 5 3 C OH	C18：1	n-9系
リノール酸	(ω1) 18 16 14 11 8 6 4 2 1 O / 17 15 13 (ω6) 12 10 9 7 5 3 C OH	C18：2	n-6系
γ-リノレン酸	17 15 (ω6) 13 12 10 9 7 6 4 2 1 O / 18 (ω1) 16 14 11 8 5 3 C OH	C18：3	n-6系
α-リノレン酸	17 14 11 8 6 4 2 1 O / 18 (ω1) 16 (ω3) 15 13 12 10 9 7 5 3 C OH	C18：3	n-3系
アラキドン酸	(ω1) 20 18 16 13 10 7 4 2 1 O / 19 17 15 (ω6) 14 12 11 9 8 6 5 3 C OH	C20：4	n-6系
エイコサペンタエン酸（EPA）	19 16 13 10 7 4 2 1 O / 20 (ω1) 18 (ω3) 17 15 14 12 11 9 8 6 5 3 C OH	C20：5	n-3系

脂肪酸の構造を短縮して端的に表示する方法として，記号と数字であらわす方法があります．例えば，オレイン酸は炭素数18で炭化水素基に二重結合を1つもつので「C18：1」とあらわします．

n-6（ω6）系とn-3（ω3）系

よく知られている不飽和脂肪酸を表6-5に示します．脂肪酸の炭素原子には通常，カルボキシ基（－COOH）の炭素原子を1番として順番に番号をつけます．別の方法として，カルボキシ基とは反対側の端にある炭素原子（これを**ω**（オメガ）**炭素原子**といいます）をω1として順番に，ω2，ω3，…とつける場合もあります※3．

リノール酸，γ（ガンマ）-リノレン酸，アラキドン酸などは，ω炭素原子から数えて6番目の炭素に最初の二重結合があるので，これを**n-6系**（**ω6系**）不飽和脂肪酸といいます．それに対して，α（アルファ）-リノレン酸やエイコサペンタエン酸（EPA）などは，ω炭素原子から数えて3番目の炭素に最初の二重結合があるので，**n-3系**（**ω3系**）不飽和脂肪酸といいます．

※3　ωはギリシャ文字で最後にくる文字なので，最後のものという意味があります．したがって，ω1は最後の炭素原子，ω2は最後から2番目の炭素原子ということになります．

必須脂肪酸

不飽和脂肪酸のうち，生体内に欠かせない数種の脂肪酸は必要な量を体内で合成することができないため，食物から摂取しなければなりません．このような脂肪酸を**必須脂肪酸**とよび，**リノール酸**，**α-リノレン酸**，**アラキドン酸**などが含まれます※4．

※4　必須脂肪酸（essential fatty acid）：より厳密な意味で，体内で全く合成できないn-6系不飽和脂肪酸のリノール酸，n-3系不飽和脂肪酸のα-リノレン酸のみを必須脂肪酸とする場合もあります．なお，アラキドン酸は，体内でリノール酸から合成することができますが，それだけでは十分な量がつくれないため，通常は必須脂肪酸とされています．また，α-リノレン酸から体内で合成されるEPAやDHA（ドコサヘキサエン酸）も同様に必須脂肪酸に含める場合もあります．

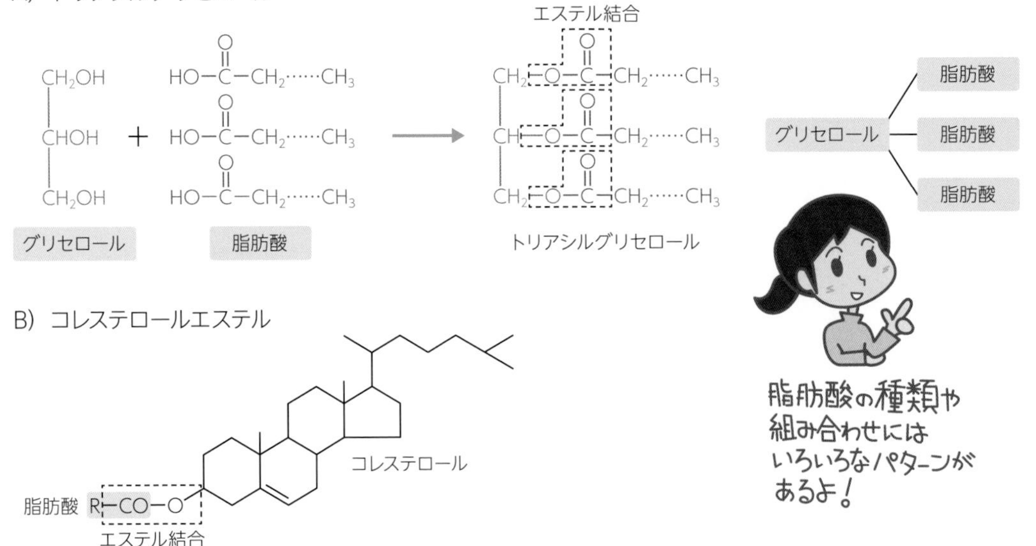

図6-14　単純脂質の一例

A) トリアシルグリセロールは，グリセロールの3つのヒドロキシ基（− OH）それぞれに脂肪酸がエステル結合したものです．B) コレステロールエステルは，コレステロールに1つあるヒドロキシ基（− OH）と脂肪酸のカルボキシ基（− COOH）がエステル結合したものです．

3. 脂質の種類

脂質は単純脂質●と複合脂質●に分類されます．

▶単純脂質

単純脂質は，炭素C，水素H，酸素Oのみで構成されます．単純脂質には**トリアシルグリセロール**●があり，**グリセロール**●の3つのヒドロキシ基●（− OH）のそれぞれに脂肪酸がエステル結合（− COO −）※5しています（図6-14A）※6．トリアシルグリセロールの構造中にみられる3つの脂肪酸の種類や組み合わせにはさまざまなものがあるため，多種多様なトリアシルグリセロールが存在します．

同じく単純脂質に分類されるコレステロールエステルは，コレステロール●のヒドロキシ基（− OH）と脂肪酸のカルボキシ基（− COOH）がエステル結合したものです（図6-14B）．

- 単純脂質＝simple lipid
- 複合脂質＝compound lipid
- トリアシルグリセロール＝triacylglycerol，トリグリセリド：triglyceride
- グリセロール＝glycerol，グリセリン：glycerin
- ヒドロキシ基　→表6-1

※5　エステル結合：ヒドロキシ基（− OH）と酸性基（カルボキシ基，リン酸基，硫酸基など）との間に生じる結合で，水（H_2O）がとれる（脱離する）ことによって結合（脱水縮合）するものです（表6-1）．

※6　アシルグリセロールと中性脂肪：グリセロールに結合する脂肪酸の数が1つのものをモノアシルグリセロール（monoacylglycerol）〔別名：モノグリセリド（monoglyceride）〕，2つのものをジアシルグリセロール（diacylglycerol）〔別名：ジグリセリド（diglyceride）〕とよびます．モノアシルグリセロール，ジアシルグリセロール，トリアシルグリセロールの3種類を合わせて中性脂肪とよびます（電気的に中性の性質があるため）．しかし，中性脂肪の大部分をトリアシルグリセロールが占めていることから，トリアシルグリセロールと中性脂肪を同義に扱う場合もあります．

- コレステロール　→p154コラム

A）リン脂質の構造

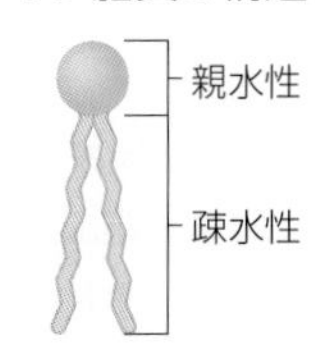

B）細胞膜の構造

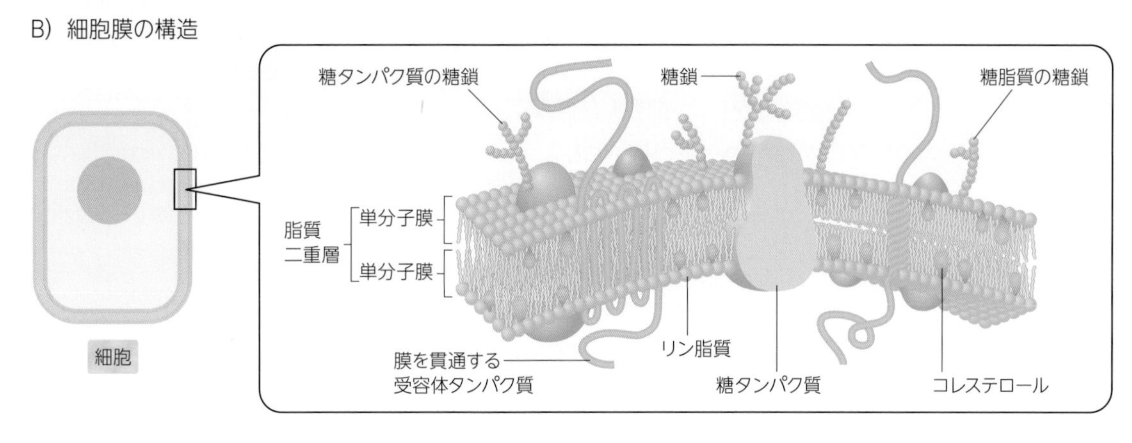

図6-15　リン脂質によって形成される細胞膜の構造

A）リン脂質には親水性と疎水性の部分が存在します．B）細胞膜はリン脂質を主成分とした脂質二重層，タンパク質，コレステロールなどで構成されています．リン脂質は親水性部分を外側に，疎水性部分を内側に向けています．参考文献37をもとに作成．

▶複合脂質

炭素C，水素H，酸素O以外の元素を含んでいる脂質は**複合脂質**とよばれます．複合脂質には，リンPを含む**リン脂質**●や糖を含む**糖脂質**●などがあります●．

リン脂質や糖脂質には，極性をもたない炭化水素鎖（疎水性部分）に加え，極性をもつリン酸エステルや糖（親水性部分）が存在します．このような親水性と疎水性の両方をもち合わせた両親媒性により，リン脂質や糖脂質は生体膜の材料として重要な役割を果たします．また，生体膜は疎水性部分をもつため，水に溶けた親水性分子は容易には通過することはできません．生体膜のもつこの性質のために膜内外の物質交換が制約されます．

細胞はリン脂質を主成分とする細胞膜で囲まれています．リン脂質は親水性部分を外側に，疎水性部分を内側に向けて脂質二重層を形成しています（図6-15）．

●リン脂質＝phospholipid
●糖脂質＝glycolipid
●リン脂質と糖脂質　→p154 advance

advance

リン脂質と糖脂質の例

リン脂質の1つであるグリセロリン脂質の基本構造であるホスファチジン酸は，グリセロールの1位と2位のヒドロキシ基（－OH）に脂肪酸がエステル結合し，3位のヒドロキシ基にリン酸がエステル結合しています．また，糖脂質の1つであるセレブロシドは，セラミド※7の1位の炭素に1分子の単糖がグリコシド結合●しています．

※7　セラミド：スフィンゴシンと脂肪酸がアミド結合したものをセラミドとよびます．

●グリコシド結合　→6章2-5

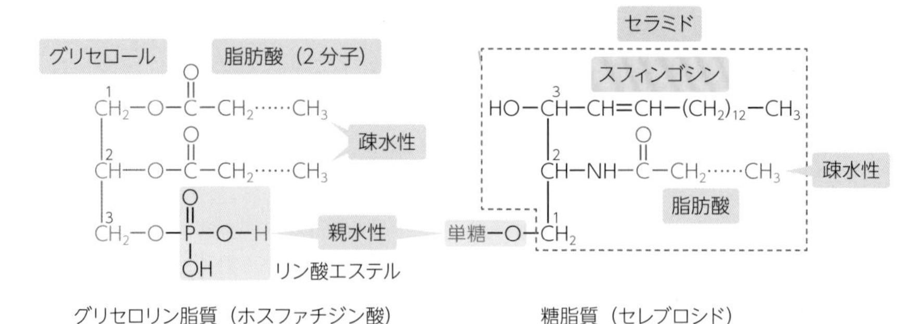

グリセロリン脂質（ホスファチジン酸）　　糖脂質（セレブロシド）

4. 脂質はリポタンパク質として体内を移動する

▶ リポタンパク質とは

水になじまない性質をもつ脂質が体内を移動するためには，リポタンパク質●というタンパク質との複合体のかたちをとる必要がありま

●リポタンパク質＝lipoprotein

COLUMNS

誘導脂質

脂質は基本的に単純脂質と複合脂質の2つに分類されますが，単純脂質や複合脂質から加水分解によって得られる産物を誘導脂質（derived lipid）とさらに分類する場合もあります．誘導脂質の代表例として，コレステロールがあります．コレステロールはA環，B環，C環という3つの六員環と，D環という1つの5員環からなるステロイド骨格という構造をもち，A環3位の炭素原子にヒドロキシ基（－OH）がついています．コレステロールは，細胞膜の構成成分の1つでもあり，コルチゾルなどのステロイドホルモン，ビタミンD，胆汁酸などを合成するための原材料としても使われます．

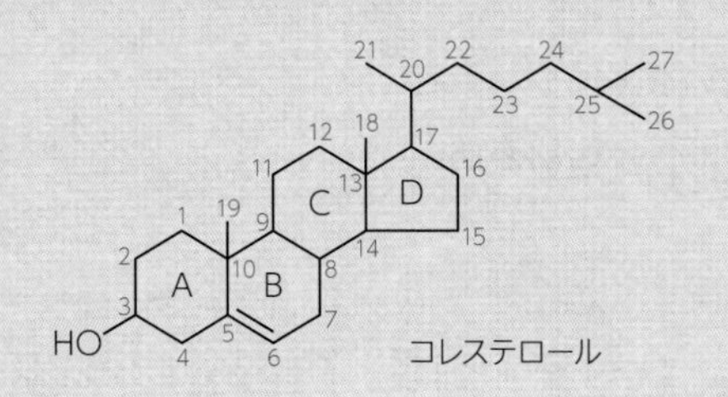

コレステロール

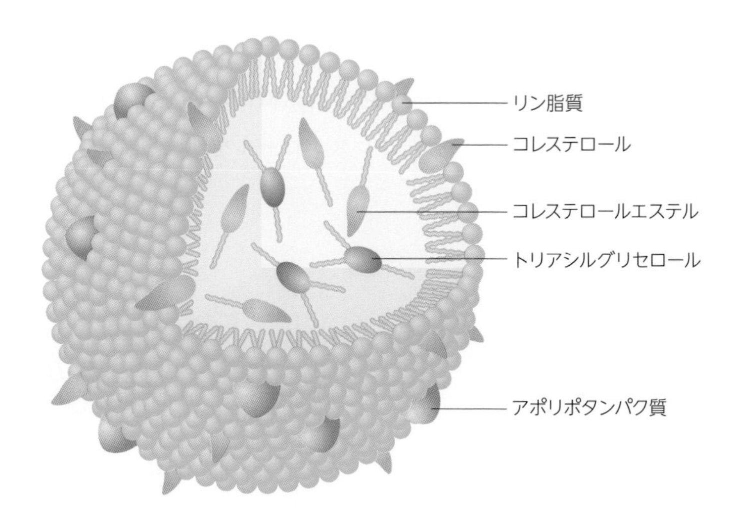

図6-16 リポタンパク質の構造

リポタンパク質は，脂質とタンパク質の複合体です．リポタンパク質は，リン脂質やコレステロールの一層の膜，トリアシルグリセロール，コレステロールエステル，アポリポタンパク質からできています．参考文献37をもとに作成．

す（図6-16）．リポタンパク質は，一層の膜に覆われた球状の顆粒で，この膜はリン脂質やコレステロール，アポリポタンパク質●という特殊な運搬タンパク質で構成されています．その内側には，脂質のトリアシルグリセロールやコレステロールエステルを含んでいます．

●アポリポタンパク質＝apolipoprotein

リポタンパク質の種類

リポタンパク質は，密度（比重）の違いによって，大きく5つに分類されます．密度の小さいものから，キロミクロン●，VLDL●，IDL●，LDL●，HDL●とよばれます．脂質は密度が小さく，タンパク質は密度が大きいため，タンパク質の割合が高いとリポタンパク質の密度も大きくなります．

●キロミクロン＝カイロミクロン，chylomicron
●VLDL＝超低密度リポタンパク質，very low-density lipoprotein
●IDL＝中間密度リポタンパク質，intermediate-density lipoprotein
●LDL＝低密度リポタンパク質，low-density lipoprotein
●HDL＝高密度リポタンパク質，high-density lipoprotein

脂質の運搬

体内の脂質には食物由来のもの（主にトリアシルグリセロール）と肝臓で合成されたもの（トリアシルグリセロールやコレステロール）があります．食物由来の脂質はキロミクロンとして，肝臓で合成された脂質はVLDLとしてそれぞれ血中に放出されます．血中に入ったキロミクロンやVLDLに含まれるトリアシルグリセロールは，LPL●の作用により加水分解されます※8．トリアシルグリセロールが減少すると，キロミクロンは残存キロミクロン●になり，VLDLはIDLになります．IDLから，さらにトリアシルグリセロールが失われると，コレステロールの割合が相対的に増えて，LDLになります．

このようにキロミクロンにより食物由来の脂質が全身に運ばれ，

●LPL＝リポタンパク質リパーゼ，lipoprotein lipase

※8 遊離脂肪酸（free fatty acid：FFA）：LPLの作用により，トリアシルグリセロールから遊離した脂肪酸は，遊離脂肪酸とよばれます．エステルを形成せずに単独で存在する脂肪酸分子です．遊離脂肪酸は，水分子になじまないため，血中ではアルブミンというタンパク質に結合して運搬されます．

●残存キロミクロン＝キロミクロンレムナント，chylomicron remnant

VLDLにより肝臓で合成された脂質が全身に運ばれます．また，LDLは肝臓で合成されたコレステロールを末梢組織に運ぶ役割を担い，HDLは，末梢組織で余剰となったコレステロールを回収して肝臓へ運搬する働きがあります．

油脂の性質

牛脂（左）のような脂肪は常温で固体ですが，オリーブオイル（右）のような油は常温で液体です．このような融点の違いはどこから生まれるのでしょうか．

一般に，脂肪は飽和脂肪酸を，油は不飽和脂肪酸を多く含んでいます．飽和脂肪酸を構成する炭化水素鎖は，各炭素原子の角度が同じで均一な形をしているため，結晶中では互いに寄り添うことができます．しかし，不飽和脂肪酸を構成する炭化水素鎖は，二重結合の部分（シス二重結合）によって折れ曲がっているため，固体の形成に必要な規則的な配列をとることが難しくなります．したがって，不飽和脂肪酸を多く含む油の方が凝固しにくくなり，融点が低くなる傾向があります．

脂肪

油

飽和脂肪酸はC–C結合のみをもち，直線状である

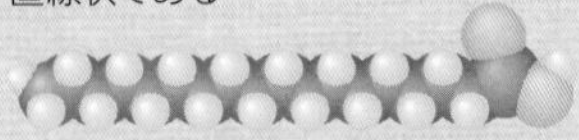

ステアリン酸
炭素数18の飽和脂肪酸

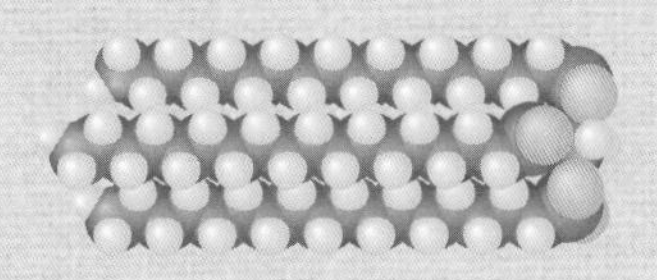

不飽和脂肪酸はシス二重結合によって折れ曲がっている

シス二重結合

リノール酸
炭素数18の
不飽和脂肪酸

練習問題

ⓐ 脂質の構成成分

❶ 脂質の構成成分であり，炭化水素基とカルボキシ基からなる化合物を何とよぶか答えてください.

❷ ❶ のうち，炭化水素基に二重結合のないものを何とよぶか答えてください.

❸ ❶ のうち，炭化水素基に二重結合のあるものを何とよぶか答えてください.

❹ ❸ のうち，ヒトの体内で十分に合成されず，食物から摂取する必要のあるものを何とよぶか答えてください.

ⓑ 脂質

❶ 脂質のうち，炭素，水素，酸素で構成されるものを何とよぶか答えてください.

❷ 脂質のうち，炭素，水素，酸素に加え，リンや糖などを含むものを何とよぶか答えてください.

❸ 脂質が体内を移動するために形成する複合体を何とよぶか答えてください.

練習問題の　解　答

ⓐ ❶ 脂肪酸

❷ 飽和脂肪酸

❸ 不飽和脂肪酸

❹ 必須脂肪酸

必須脂肪酸として，一般的にはリノール酸，α-リノレン酸，アラキドン酸があげられます．

ⓑ ❶ 単純脂質

❷ 複合脂質

単純脂質や複合脂質の加水分解産物は，誘導脂質とよばれる場合があります．

❸ リポタンパク質

4. タンパク質

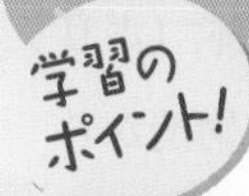

- アミノ酸の構造，分類，性質について理解しよう
- タンパク質の立体構造について理解しよう

重要な用語

アミノ酸

タンパク質を構成する基本単位．炭素を中心にしてアミノ基，カルボキシ基，水素原子，および側鎖（R 基）が結合している．

必須アミノ酸

生命維持に必要な量を体内で合成できないために，食物からの摂取が必須となるアミノ酸．

等電点

正電荷と負電荷がちょうどつり合って，アミノ酸の正味の電荷がゼロになる pH．

タンパク質

多数のアミノ酸がペプチド結合によってつながってできた巨大な生体分子．

ペプチド結合

タンパク質中にみられるアミノ基とカルボキシ基の脱水縮合による結合（=アミド結合）．

立体構造にかかわる相互作用

タンパク質中では原子間にさまざまな相互作用がみられる．水素結合，疎水性相互作用，イオン的な相互作用，ジスルフィド結合など．

1. アミノ酸とは？

●アミノ酸＝amino acid

●モノマー　→2章2-4

●ポリマー　→2章2-4

アミノ酸とよばれる分子は，タンパク質を構成する基本単位（単量体，モノマー）であり，アミノ酸が多数結合した重合体（ポリマー）がタンパク質となります．まずは，アミノ酸の基本構造から学んでいきましょう．

●アミノ基　→表6-1
●カルボキシ基　→表6-1
●側鎖＝side chain

※1　プロリンは，側鎖R基が窒素原子Nとα炭素原子の両方に結合しています．
●官能基　→6章1-3

タンパク質を構成するすべてのアミノ酸はアミノ基（$-NH_2$），カルボキシ基（$-COOH$），水素原子H，および**側鎖**とよばれるR基（$-R$）をもち，これらのすべてが同じ炭素原子に結合しています（図6-17）※1．この中心にある炭素原子のように，官能基が直接結合した炭素のことを**α(アルファ)炭素**といい，その位置をα位とよびます．同一の炭素原子にアミノ基（$-NH_2$）とカルボキシ基（$-COOH$）の両方が結合しているアミノ酸は**α-アミノ酸**とよばれます．タンパク質を構成する20種類のα-アミノ酸は，それぞれ異なる側鎖R基（$-R$）をもっています．

アミノ酸は略号であらわされることがあります．それぞれのアミノ酸について，3文字略号と1文字略号を表6-6に示します．

advance

アミノ酸の呈色(ていしょく)反応

アミノ酸にニンヒドリン水溶液を加えて温めると紫色になります．この反応をニンヒドリン反応（アブデルハルデン反応）とよび，アミノ酸やタンパク質中のアミノ基（$-NH_2$）の検出（存在を確認するため）に利用されます．ニンヒドリン反応は犯罪捜査の際の指紋の検出などにも応用されています．

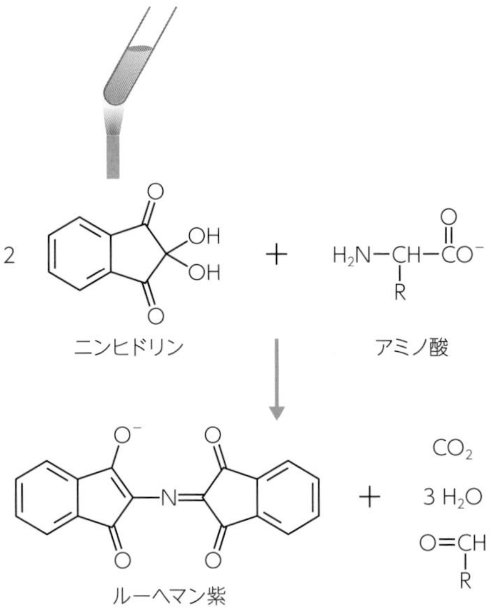

2 ニンヒドリン ＋ アミノ酸（$H_2N-CH(R)-CO^-$）→ ルーヘマン紫 ＋ CO_2 ＋ 3 H_2O ＋ $O=CH-R$

図6-17　アミノ酸の基本構造

タンパク質を構成するα-アミノ酸はα炭素にアミノ基（$-NH_2$），カルボキシ基（$-COOH$），水素原子H，側鎖R基（$-R$）が結合してできています．

表6-6　アミノ酸の略号

和名	英名	略号		和名	英名	略号	
		3文字	1文字			3文字	1文字
アラニン	Alanine	Ala	A	ロイシン	Leucine	Leu	L
アルギニン	Arginine	Arg	R	リシン（リジン）	Lysine	Lys	K
アスパラギン	Asparagine	Asn	N	メチオニン	Methionine	Met	M
アスパラギン酸	Aspartic Acid	Asp	D	フェニルアラニン	Phenylalanine	Phe	F
システイン	Cysteine	Cys	C	プロリン	Proline	Pro	P
グルタミン	Glutamine	Gln	Q	セリン	Serine	Ser	S
グルタミン酸	Glutamic Acid	Glu	E	トレオニン（スレオニン）	Threonine	Thr	T
グリシン	Glycine	Gly	G	トリプトファン	Tryptophan	Trp	W
ヒスチジン	Histidine	His	H	チロシン	Tyrosine	Tyr	Y
イソロイシン	Isoleucine	Ile	I	バリン	Valine	Val	V

2. アミノ酸の分類

中性・酸性・塩基性

タンパク質を構成する20種類のアミノ酸は側鎖の性質に従って，中性アミノ酸●，酸性アミノ酸●，塩基性アミノ酸●に分類されます（表6-7）．

中性アミノ酸（15種類）は，さらに**非極性**の側鎖をもつもの（9種類）とアミド基●（$-CONH_2$）やヒドロキシ基●（$-OH$）のような**極性**を有する官能基を側鎖にもつもの（6種類）に分類されます．**酸性アミノ酸**（2種類）は側鎖にカルボキシ基（$-COOH$）をもち，水素イオン（H^+）を放出して酸●として働きます．**塩基性アミノ酸**（3種類）は側鎖にアミノ基（$-NH_2$）をもち，水素イオン（H^+）を受けとる塩基●として働きます．

●中性アミノ酸＝natural amino acid
●酸性アミノ酸＝acidic amino acid
●塩基性アミノ酸＝basic amino acid

●アミド基　→表6-1
●ヒドロキシ基　→表6-1
●酸　→4章1
●塩基　→4章1

表6-7　20種類のアミノ酸の分類と等電点

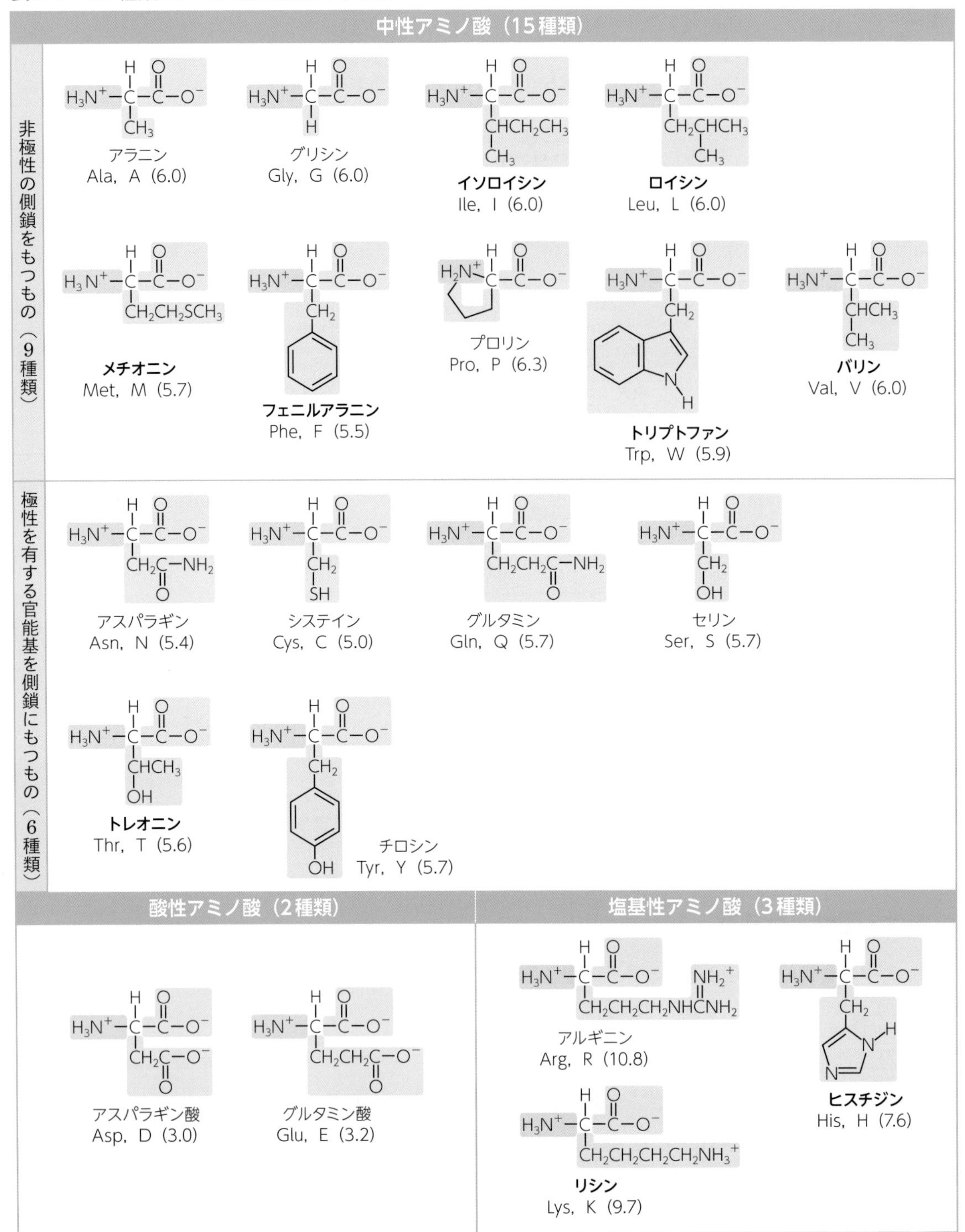

アミノ酸は中性アミノ酸，酸性アミノ酸，塩基性アミノ酸に分類されます．ここでは，構造式は完全にイオン化した形で示しています．等電点（**4** 参照）は（　）内に示しています．**太字**は必須アミノ酸を示しています．

その他の分類

疎水性・親水性

中性アミノ酸のうち，非極性の側鎖をもつ9種類のアミノ酸は疎水性で，水分子に引き寄せられないため水に溶けません※2．その他の11種類のアミノ酸（極性を有する官能基を側鎖にもつ中性アミノ酸，酸性アミノ酸，塩基性アミノ酸）は親水性で，極性分子である水分子に引き寄せられるため水に溶けます．

※2　グリシンは，非極性の側鎖をもつ中性アミノ酸で，疎水性のアミノ酸に分類されます．しかし，側鎖が水素Hのみと短く，比較的水に溶けやすいという性質をもっていることから，親水性のアミノ酸に分類されることもあります．

構造による分類

硫黄原子Sを含むシステインとメチオニンは**含硫（がんりゅう）アミノ酸**●とよばれます．バリン，ロイシン，イソロイシンは側鎖に枝分かれする構造（枝分かれ構造）をもつため，**分枝（ぶんし）アミノ酸**●とよばれます．

●含硫アミノ酸＝sulfur-containing amino acid

●分枝アミノ酸＝branched chain amino acid：BCAA，分枝鎖アミノ酸

必須アミノ酸

20種類のアミノ酸のうち，**イソロイシン**，**ロイシン**，**メチオニン**，**フェニルアラニン**，**トリプトファン**，**バリン**，**トレオニン**（スレオニン），**ヒスチジン**，**リシン**（リジン）の9種類は生命維持に必要な量を体内で合成できないため，食物からとり入れなければなりません．これらの食物からの摂取が必須なアミノ酸は**必須アミノ酸**●とよばれます．

●必須アミノ酸＝essential amino acid

3. アミノ酸にも鏡像異性体がある

タンパク質を構成する20種類のアミノ酸のうち，グリシンを除く19種類のアミノ酸は，α炭素原子に4つの異なる原子または原子団が結合しており，不斉炭素原子●をもっています．したがって，これら19種類のアミノ酸にはL型とD型の2種類の鏡像異性体●が存在します（図6-18）．なお，グリシンは，側鎖が水素原子Hであり，**α炭素**原子に同じ**水素原子H**が2つ結合していることになる（表6-7参照）ため，グリシンのα炭素原子は不斉炭素原子ではありません．したがって，グリシンには鏡像異性体は存在しません．天然に存在するタンパク質を構成するアミノ酸は，グリシンを除いてすべてL型であるといわれています．

●不斉炭素原子　→6章2-3

●鏡像異性体　→6章2-3

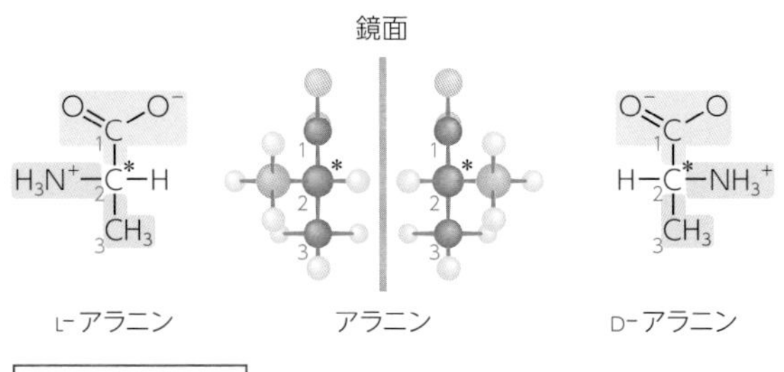

図6-18　アミノ酸の鏡像異性体
グリシンを除く19種類のアミノ酸には，鏡像異性体が存在します．

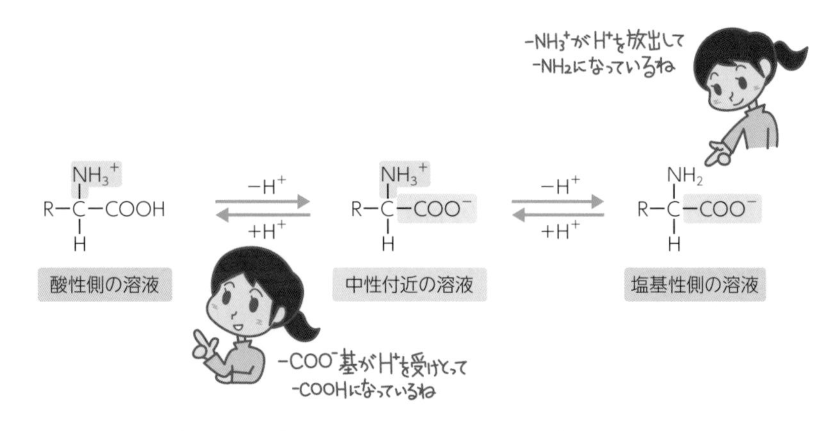

図6-19　溶液のpH変化に伴うアミノ酸の荷電状態の変化
溶液が中性付近の場合は，アミノ酸は電気的に中性な双極イオンとして存在していますが，溶液のpHが変化するとアミノ酸の荷電状態も変化します．

4. アミノ酸の性質

正，負両方の電荷をもつアミノ酸

アミノ酸中のアミノ基（$-NH_2$）とカルボキシ基（$-COOH$）は酸塩基反応●を行います．この際，アミノ基（$-NH_2$）は，水素イオン（H^+）を受けとって，$-NH_3{}^+$基になります．カルボキシ基（$-COOH$）は水素イオン（H^+）を放出して，$-COO^-$基になります（図6-19）．このようなアミノ酸内の水素イオンの移動により，1つの正電荷と1つの負電荷の両方をもつことから，中性付近の溶液中では，アミノ酸は電気的に中性な**双極イオン**●になることができます．

●酸塩基反応　→4章1

●双極イオン＝双極子イオン：dipolar ion，双性イオン：zwitter ion

酸性（pHが低い）溶液中では，アミノ酸の$-COO^-$基が水素イオン（H^+）を受けとって$-COOH$基になりますが，正に荷電した$-NH_3^+$はそのまま残ります．一方，塩基性（pHが高い）溶液中では，アミノ酸の$-NH_3^+$基が水素イオン（H^+）を放出し，$-NH_2$基になりますが，負に電荷した$-COO^-$基はそのまま残ります．このように，溶液のpHによってアミノ酸の荷電状態は変化します．

アミノ酸の等電点

アミノ酸は固体でも液体でもイオン●として存在しています．アミノ酸の荷電の状態は，そのアミノ酸の性質（酸性アミノ酸，塩基性アミノ酸など）と溶液のpHに依存します．正電荷と負電荷がちょうどつり合って，アミノ酸の正味の電荷がゼロになるpHのことを，そのアミノ酸の**等電点**（p*I*）とよびます．等電点では，電気的に中性な分子が生じます．それぞれのアミノ酸の等電点は**表6-7**に示しています[※3]．

●イオン　→1章2-3

※3　等電点はアミノ酸ごとに異なります．これは側鎖中の官能基の影響によるものです．

5. タンパク質とは？

アミノ酸が多数結合すると**タンパク質**●になります．タンパク質の語源は，ギリシャ語の「*proteios*（一番大切な物）」であり，細胞の乾燥重量の約半分はタンパク質からなります．人体にも2万種類を超えるタンパク質が存在しており，代謝の調節（ホルモンや酵素など），運動（筋中のミオシンなど），分子の運搬（血中のヘモグロビンなど）や貯蔵，細胞や組織の構造（細胞骨格中のケラチンなど）や支持体（筋中のアクチンフィラメントなど）としての機能を担っています．まずは，タンパク質の構造について学んでいきましょう．

●タンパク質＝protein

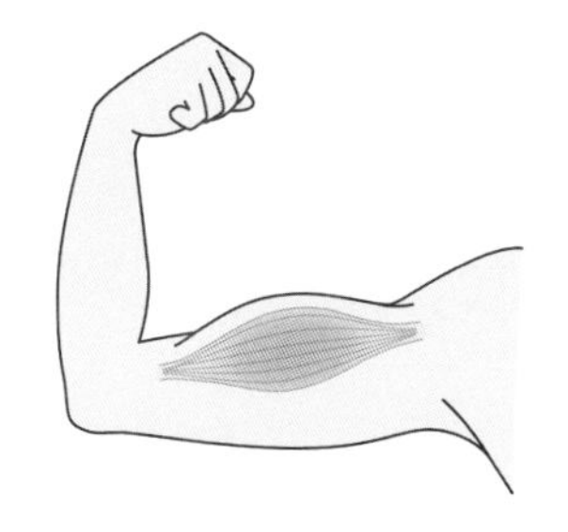

ペプチド結合

アミノ基（$-NH_2$）とカルボキシ基（$-COOH$）の脱水縮合●による結合を**アミド結合**●といいます．タンパク質中にみられる，2つのアミノ酸同士のアミド結合は特に**ペプチド結合**●とよばれます．

●脱水縮合　→2章2-4

●アミド結合＝amide bond

●ペプチド結合＝peptide bond

ペプチド

ペプチド結合によって生じた物質を**ペプチド**とよびます．1つのアミノ酸のカルボキシ基（$-COOH$）ともう1つのアミノ酸のアミノ基（$-NH_2$）との間で水分子（H_2O）が1つとれて結合が生じると2

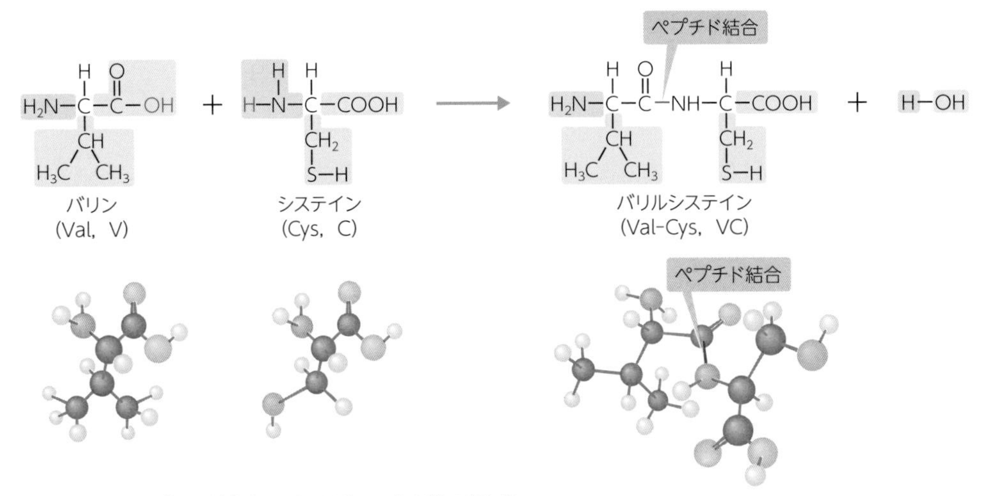

図6-20　ペプチド結合によるジペプチドの形成

1つのアミノ酸のカルボキシ基（$-COOH$）ともう1つのアミノ酸のアミノ基（$-NH_2$）との間で水分子（H_2O）が1つとれることによって生じる結合のことをペプチド結合といいます．このようにしてジペプチドが生じます．ジペプチドは，1つ目のアミノ酸の語尾を-(イ)ンから-(イ)ルに変え，2つのアミノ酸をつづけた名称でよばれます．参考文献31をもとに作成．

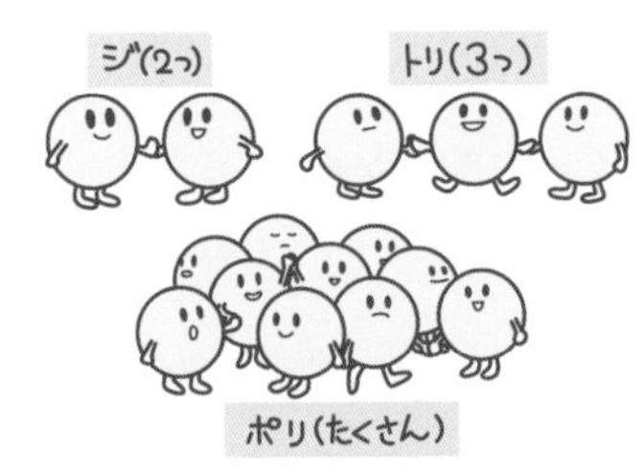

● ジペプチド＝dipeptide
● トリペプチド＝tripeptide
● オリゴペプチド＝oligopeptide
● ポリペプチド＝polypeptide

つのアミノ酸がつながったものである**ジペプチド**●が生じます（図6-20）．

3つのアミノ酸が連結したものを**トリペプチド**●といい，少数のアミノ酸からなるペプチドを**オリゴペプチド**●，多数のアミノ酸からなるペプチドを**ポリペプチド**●やタンパク質とよびます．

▶ポリペプチド鎖

● ポリペプチド鎖＝polypeptide chain

● 残基＝residue

※4　主鎖（main chain，骨格：backbone）：α炭素原子とペプチド結合が交互に並んでいます．

多数のアミノ酸がペプチド結合によって直鎖状につなげられて**ポリペプチド鎖**●を形成します．ポリペプチド鎖を構成するそれぞれのアミノ酸は**残基**●とよばれます（図6-21）．ポリペプチド鎖は**主鎖**※4とよばれる規則的なくり返しの部分とそれぞれに特有な側鎖によって構成される部分から成り立っています．ポリペプチド鎖は片方の末端に$-NH_3^+$基をもち，こちらを**アミノ末端（N末端）**といい，もう片方の末端に$-COO^-$基をもち，こちらを**カルボキシ末端（C末端）**といいます．ポリペプチド鎖の構造は，一般的にN末端残基（遊離のペプチド結合に関与していない$-NH_3^+$基をもつアミノ酸）を左に，C末端残基（遊離の$-COO^-$基をもつアミノ酸）を右に描きます．

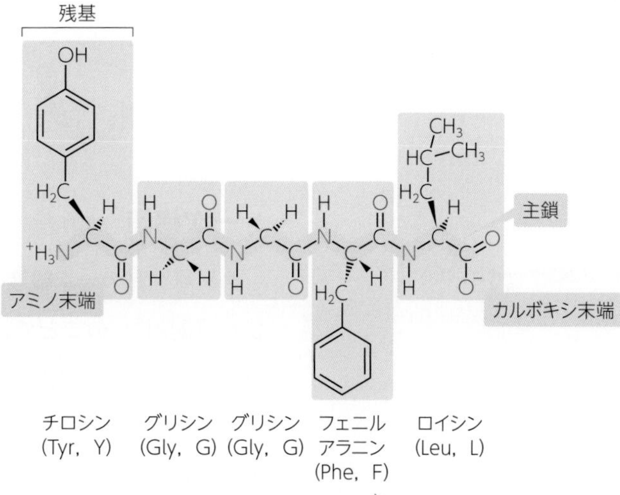

図6-21　ポリペプチド鎖の構成

ペンタペプチド〔Tyr-Gly-Gly-Phe-Leu（YGGFL)〕をあらわしています．ペプチド結合で連結された一連のアミノ酸はポリペプチド鎖を形成します．ポリペプチド鎖は，一般的にアミノ末端残基（N末端残基）→カルボキシ末端残基（C末端残基）の方向に描きます．参考文献34をもとに作成．

advance

タンパク質の呈色反応

タンパク質の水溶液に水酸化ナトリウムNaOHを入れて塩基性にした後，少量の硫酸銅（Ⅱ）($CuSO_4$）溶液を加えると赤紫色になります．この反応をビウレット反応といいます．この反応は2つ以上のペプチド結合をもつトリペプチド以上のペプチドでみられます．2つ以上のペプチド結合がCu^{2+}をはさみ込むように錯イオンを形成して呈色するためです※5．

※5　錯イオン：金属イオンに非共有電子対をもつ分子や陰イオンが配位結合（2章2-1参照）してできたイオン．

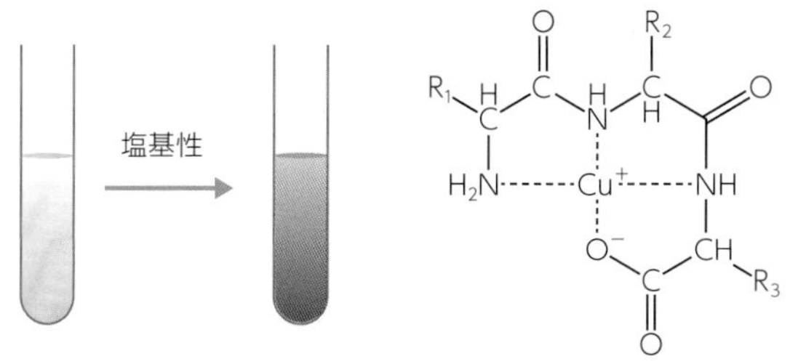

ペプチドと1価銅イオンとの錯イオンの構造

6. タンパク質は立体構造を形成することで特有の機能を発揮する

タンパク質は固有の立体構造をとることによって，それぞれのタンパク質に特徴的な働き（特有の生理活性）をもつようになります．したがって，人体の生理的なメカニズムを理解するためには，タンパク質の構造とその性質・機能について理解することが重要です．

タンパク質の立体構造には一次構造，二次構造，三次構造，四次構造の4段階の構造があります．

図6-22　タンパク質の一次構造
タンパク質の一次構造とは，ペプチド結合でつながったアミノ酸の配列のことです．

一次構造

● 一次構造＝primary structure
● 配列＝sequence

タンパク質の**一次構造**とは，タンパク質を構成するアミノ酸の並び方（配列）のことで，アミノ酸がペプチド結合によって連結された配列を示します（図6-22）．タンパク質のアミノ酸配列は，N末端のアミノ酸を1番目のアミノ酸として一番左側に配置して，C末端のアミノ酸を最後のアミノ酸として，一番右側に配置します．したがって，アミノ酸に番号をつける場合は，N末端アミノ酸側から1番，2番，3番として，C末端アミノ酸が最後の番号になります．アミノ酸配列の並び順が決まるとタンパク質の形と性質が決まります．配列の並び順が違うと，タンパク質は全く異なったものになります．

二次構造

● 二次構造＝secondary structure
● 水素結合　→2章2-3
● αヘリックス＝α-helix
● βシート＝β-sheet，β構造：β-structure

タンパク質の**二次構造**とは，タンパク質中の規則的な構造の部分のことをいい，タンパク質のポリペプチド鎖に存在する水素原子Hと酸素原子Oが**水素結合**によって結びつくことによってつくられます．二次構造として，ペプチド鎖内の水素原子と酸素原子が結びつくことによってらせん状となる**αヘリックス**構造と，2本もしくは数本のペプチド鎖間の水素原子と炭素原子が横並び状に結びつくことによってシート状になる**βシート**構造とよばれる2種の規則的な構造が知られています（図6-23）．

三次構造

● 三次構造＝tertiary structure

タンパク質の**三次構造**とは，ポリペプチド鎖の複雑な折りたたみによって生じるタンパク質全体の三次元的な立体構造のことをいいます（図6-24）．一般的にポリペプチド鎖は，疎水性側鎖（非極性側鎖）が内部に埋め込まれ，極性をもった側鎖（親水性側鎖，極性側鎖）が表面に位置するように折りたたまれています※6．これは，水中（血液中，細胞質基質中）では，水となじみやすい（極性の強い）親水性の部分が外側になって水と接する状態となり，水となじみにくい疎水性の部分が内側になるためです．

※6　酵素の立体構造：酵素（5章1-4）はタンパク質からできています．一般的にタンパク質は，疎水性部分が内側，極性のある親水性部分が外側に位置するように折りたたまれていますが，酵素の場合は親水性部分（極性側鎖をもつアミノ酸，極性残基）も内部にみられることがあります．このような内部に存在する親水性部分は酵素と基質の結合に重要な役割を果たしている場合があります．

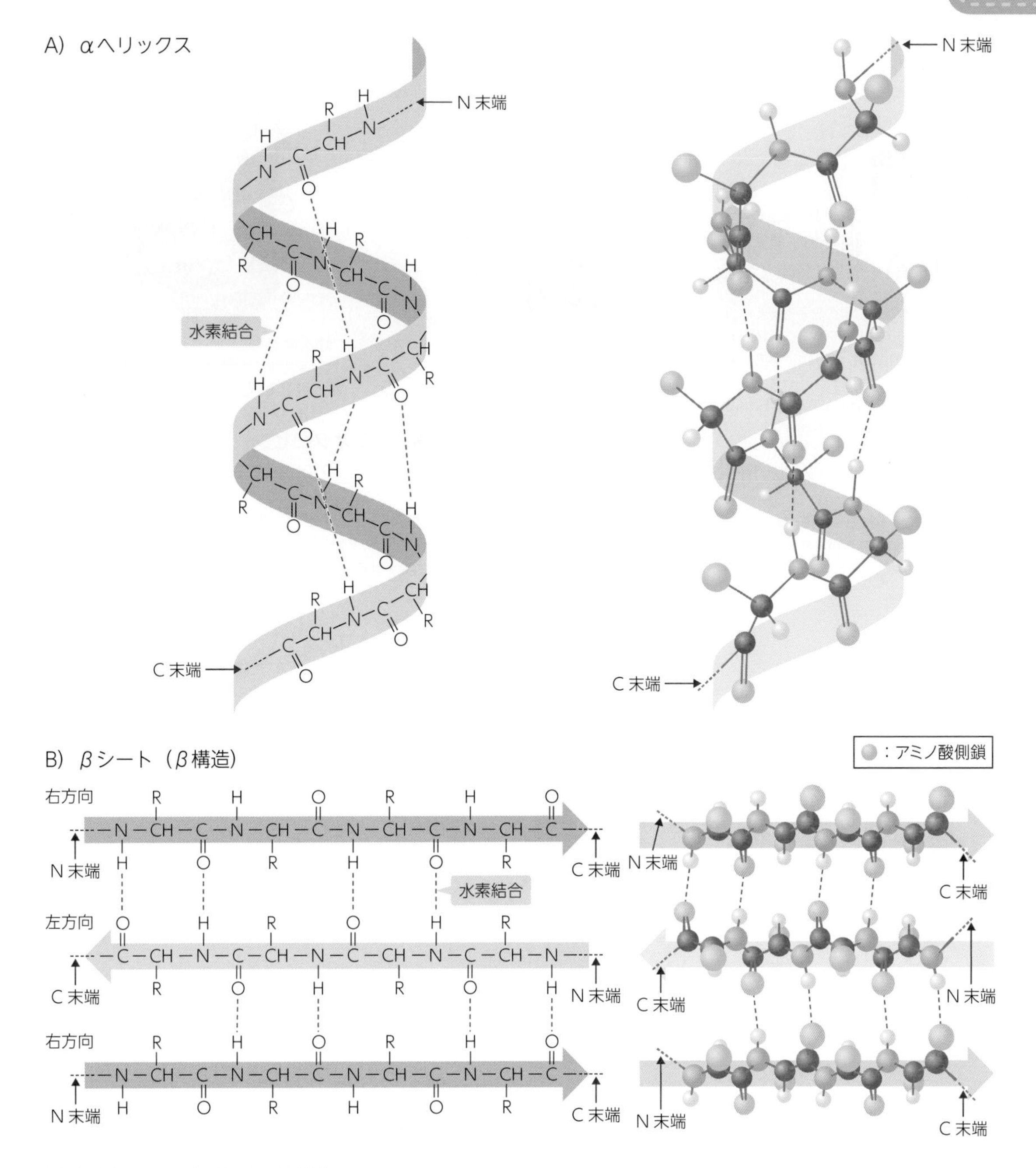

図6-23　タンパク質の二次構造

タンパク質の二次構造には，αヘリックスとβシートがあります．これらの特殊な構造は，ペプチド鎖内やペプチド鎖間に水素結合が多数形成されることによってつくられています．

▶四次構造

タンパク質の**四次構造**●とは，三次構造を形成しているポリペプチド鎖が複数組み合わさってさらに大きな立体構造をとる場合の空間的

●四次構造＝quaternary structure

※7　PDB：タンパク質の分子モデルについては，プロテインデータバンク〔PROTEIN DATA BANK（PDB），参考文献45〕もしくは，プロテインデータバンクジャパン〔Protein Data Bank Japan（PDBj），参考文献46〕で参照することができます．図6-24，6-25については，もとになったPDBのデータファイルのIDを示しています．

※8　疎水性度：Eisenbergらの指標（参考文献47を参照）を用いて色づけしています．

A）リボンモデル

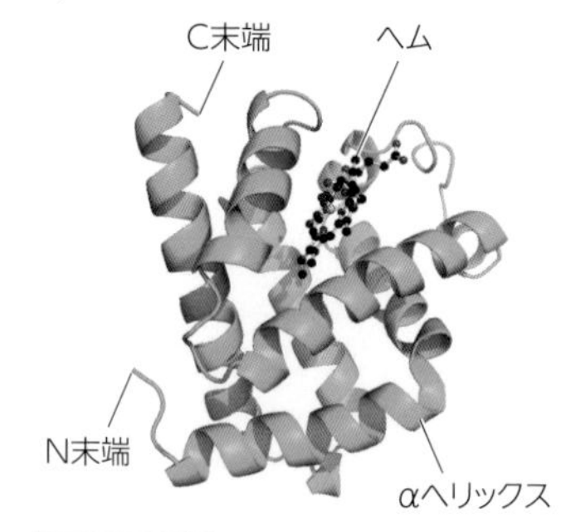

B）分子表面モデル

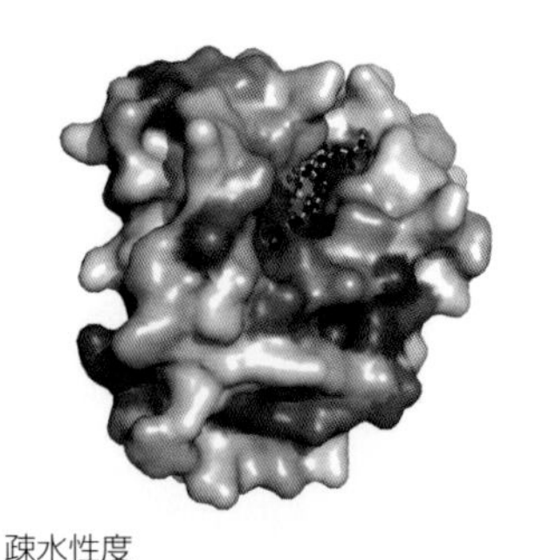

図6-24　タンパク質の三次構造（ミオグロビン）［PDB：1A6N］※7

A）リボンモデルで描いたミオグロビンです．ミオグロビンは，1本のポリペプチド鎖（緑色）と1つのヘムからできていて，ポリペプチド鎖には，8つのαヘリックスがみられます．ミオグロビンは，筋肉における酸素の運搬にかかわります．B）分子表面モデルで描いたミオグロビンです．分子表面近傍のアミノ酸を疎水性度※8によって色づけしてあらわしています．ミオグロビンの分子表面には，疎水性度の低い，親水性アミノ酸が多くみられます．

A）リボンモデル

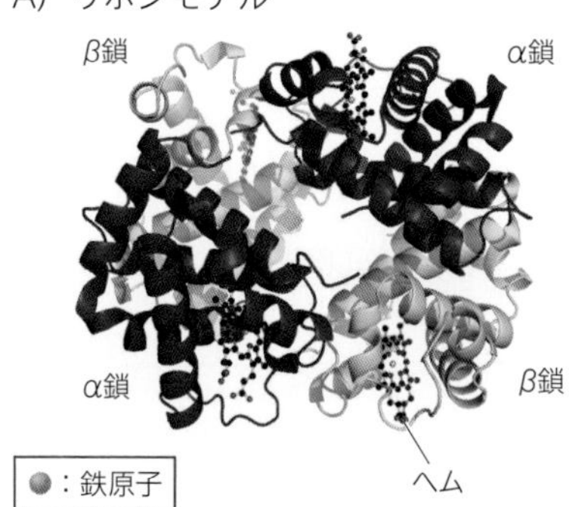

B）ヘムの構造

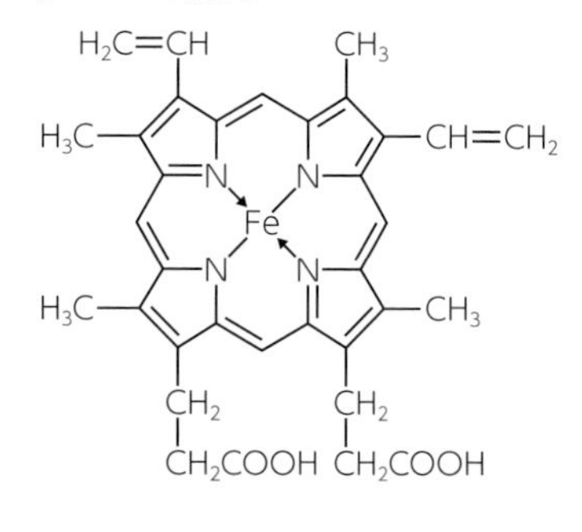

図6-25　タンパク質の四次構造（ヘモグロビン）［PDB：1A3N］

A）リボンモデルで描いたヘモグロビンです．ヘモグロビンは，1つのタイプ（α鎖，赤色）のサブユニット2つと，別のタイプ（β鎖，黄色）のサブユニット2つの合計4つのサブユニットと，4つのヘムから構成されています（ヘモグロビンの$\alpha_2\beta_2$四量体）．B）ヘモグロビンに含まれるヘムの構造です．ヘモグロビン中のそれぞれのポリペプチド鎖には，おのおの1つのヘムが含まれています．

● サブユニット＝subunit

● 二量体＝dimer

な配置のことをいいます．このときの組み合わさった一つひとつのポリペプチド鎖のことを**サブユニット**●とよびます．四次構造の最も簡単なものは，2つの同一のサブユニットから構成される二量体●です．

ヒトのヘモグロビンは図6-25に示しているように，1つのタイプ（α鎖と名付けられている）のサブユニット2つと，別のタイプ（β鎖と名付けられている）のサブユニット2つの合計4つのサブユニットから構成されています（$\alpha_2\beta_2$四量体）．ヘモグロビンを構成する4つのポリペプチド鎖には，鉄原子を1つ含んでいる**ヘム**●という分子がそれぞれ1つずつ含まれていて，血液中の酸素の運搬にかかわります（図6-25）．

●ヘム＝ヘム分子，ヘム基，ヘム原子団

立体構造にかかわる相互作用

タンパク質の立体構造には，原子間の相互作用が大きくかかわっています（図6-26）．

水素結合

水素結合は，アミノ酸の側鎖間，主鎖間，側鎖と主鎖間のすべてでみられます．側鎖間の水素結合は，極性のあるヒドロキシ基（－OH）に含まれる水素原子Hと，異なるアミノ酸中の他の極性のある原子団（極性基）に含まれる酸素原子Oあるいは窒素原子Nとの間などで形成されます．主鎖を形成しているペプチド結合に含まれる水素原子Hや酸素原子Oも水素結合の形成にかかわります．

疎水性相互作用

疎水性アミノ酸（非極性アミノ酸）の側鎖同士は互いに寄り集まります．このような相互作用を**疎水性相互作用**●とよびます．疎水性基が集合することで，タンパク質鎖の中に水分子を含まないポケット（無水ポケット）を形成します．

●疎水性相互作用＝hydrophobic

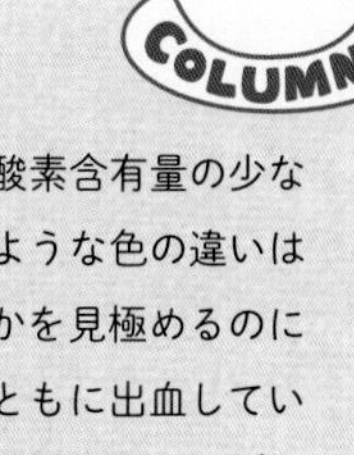

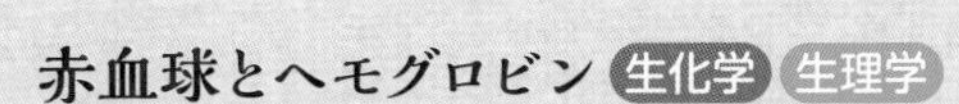

赤血球とヘモグロビン　生化学　生理学

血液中で酸素の運搬に関与する赤血球には大量のヘモグロビンが含まれています．ヘモグロビンは4つのサブユニットからなり，それぞれのサブユニットにはヘムが存在します．このヘムに含まれる鉄原子に酸素分子が結合することにより，酸素は全身に運ばれます．

赤血球の色を決めているのはヘモグロビンで，ヘモグロビンの赤は鉄の色です．酸素分圧の高いところでは，ヘモグロビンは酸素と結合しやすい性質があり，酸素が結合したヘモグロビンは鮮赤色を示します．一方，酸素分圧の低いところではヘモグロビンは酸素と離れやすくなっていて，暗赤色になります．このため，酸素を豊富に含む動脈血は鮮赤色を，酸素含有量の少ない静脈血は暗赤色を呈します．このような色の違いは出血のときに動脈からの出血かどうかを見極めるのに役立ちます．鮮赤色の血液が拍動とともに出血している場合は動脈性であり，急いで止血を試みなければなりません．

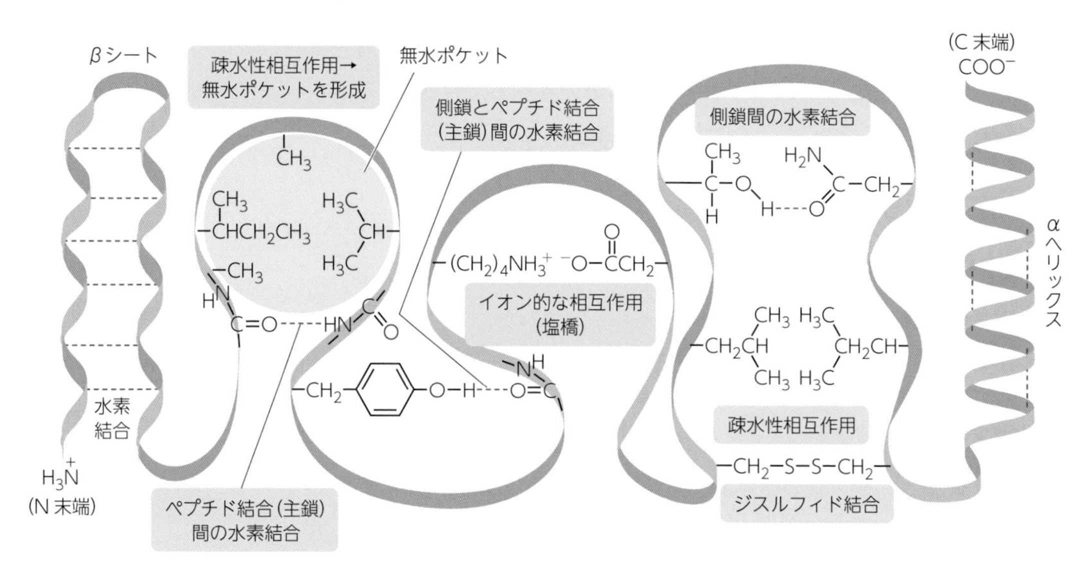

図6-26　タンパク質の形を決める相互作用

タンパク質の立体構造には，配列の離れた原子間に働く相互作用が大きくかかわっています．タンパク質中では，水素結合，疎水性相互作用，イオン的な相互作用，ジスルフィド結合などがみられます．

● イオン的な相互作用

イオン化した酸性側鎖および塩基性側鎖があれば，正負の電荷間の引力により，**イオン的な相互作用**（塩橋（えんきょう）●）を形成します．

● 塩橋＝salt bridge

● ジスルフィド結合

側鎖にチオール基●（–SH）をもつシステイン残基が2個以上ある場合は，それらが互いに反応して硫黄原子Sと硫黄原子Sが強く結合（共有結合）する**ジスルフィド結合**（S–S結合，SS結合）●とよばれる結合を形成することができます．

● チオール基　→表6-1

● ジスルフィド結合＝disulfide bond，ジスルフィド架橋

タンパク質のあらわし方

タンパク質の立体構造をあらわす際には，まるで新体操に使われるリボンのようにあらわすリボンモデルが用いられます．この表現方法では，タンパク質の折りたたみ構造を明瞭に可視化することができます．リボンモデルでは，αヘリックスはコイル状のリボン，βシートは幅広い矢印，不規則な構造は細いチューブとして描かれます．

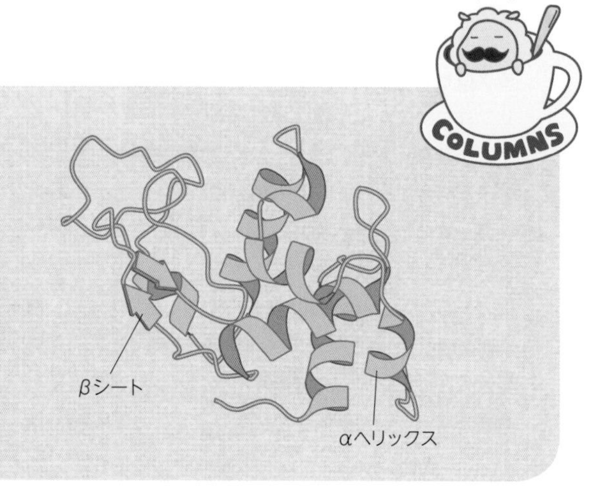

練習問題

ⓐ タンパク質の基本単位

次の文章の空欄に適切な語句を入れてください．

タンパク質は（①）から構成されている．タンパク質を構成する（①）は（②）種類あり，それぞれ異なる性質をもつ．（①）は，炭素原子に水素原子，側鎖，（③）基，（④）基が結合したものである．

ⓑ アミノ酸の分類（➜表6-7）

❶ 次のアミノ酸のうち，疎水性のアミノ酸に分類されるものをすべて選んでください．

アルギニン，グルタミン，イソロイシン，システイン，フェニルアラニン，グルタミン酸

❷ 必須アミノ酸を9種類すべて答えてください．

ⓒ アミノ酸の鏡像異性体

アミノ酸のうち，鏡像異性体が存在しないものを1つ答えてください．

ⓓ アミノ酸の荷電状態

アミノ酸分子中の正電荷と負電荷がちょうどつり合い，アミノ酸の正味の電荷がゼロになるpHのことを何とよぶか答えてください．

ⓔ タンパク質とは

次の文章の空欄に適切な語句を入れてください．

タンパク質は，一方のアミノ酸のアミノ基と他方の（①）基から（②）分子が1つとれてできる（③）結合によって生じる．

ⓕ タンパク質の立体構造

次の文章の空欄に適切な語句を入れてください．

タンパク質の（①）構造は，アミノ酸の配列のことである．タンパク質の二次構造では，ペプチド鎖がらせん状になっている（②）やペプチド鎖が数本並びシート状になっている（③）がみられる．（②）や（③）は（④）が多数形成されることによってつくられる．タンパク質の三次構造は，ポリペプチド鎖がつくる三次元構造で，四次構造は三次構造が複数集まってできる構造である．

練習問題の 解 答

ⓐ ①アミノ酸　②20　③アミノ　④カルボキシ（③と④は順不同）

タンパク質を構成する20種類のα-アミノ酸は，それぞれ異なる側鎖をもっています．

ⓑ ❶ イソロイシン，フェニルアラニン

イソロイシンとフェニルアラニンは，非極性の側鎖をもつ中性アミノ酸です．グルタミンとシステインは，極性を有する官能基を側鎖にもつ中性アミノ酸です．グルタミン酸は，酸性アミノ酸です．アルギニンは，塩基性アミノ酸です．20種類のアミノ酸のうち，疎水性のアミノ酸に分類されるのは，非極性の側鎖をもつ中性アミノ酸で，その他はすべて親水性のアミノ酸に分類されます．非極性の側鎖をもつ中性アミノ酸に分類されるグリシンは，親水性のアミノ酸に分類されることもあります．

❷ イソロイシン，ロイシン，メチオニン，フェニルアラニン，トリプトファン，バリン，トレオニン，ヒスチジン，リシン

ヒトの体内で十分に合成されず，食物から摂取する必要のあるアミノ酸9種類は必須アミノ酸とよばれます．

ⓒ グリシン

グリシンは，側鎖が水素原子であり，α炭素原子に2つの水素原子が結合していることになり，α炭素原子は不斉炭素原子ではありません．したがって，グリシンには光学異性体は存在しません．

ⓓ 等電点

中性アミノ酸は中性付近に，酸性アミノ酸は酸性側に，塩基性アミノ酸は塩基性側に等電点をもちます．

ⓔ ①カルボキシ　②水　③ペプチド（アミド）

2つのアミノ酸がペプチド結合でつながったものをジペプチド，3つのアミノ酸が連結するとトリペプチド，アミノ酸が多くなるとポリペプチド（タンパク質）とよばれます．

ⓕ ①一次　②αヘリックス　③βシート（β構造）　④水素結合

タンパク質は，固有の立体構造をとることによって，特徴的な生理活性を示します．

5. 核酸

- 核酸（DNAとRNA）の構成成分を理解しよう
- ヌクレオチドとヌクレオシドについて理解しよう
- ヌクレオチド鎖のつながり方と方向性を理解しよう
- DNAの構造を理解しよう

重要な用語

核酸

多数のヌクレオチドが鎖状に結合した高分子化合物.

ヌクレオチド

糖〔五炭糖（ペントース）〕，塩基，リン酸が結合したもの.

ヌクレオシド

糖〔五炭糖（ペントース）〕と塩基が結合したもの.

デオキシリボ核酸（DNA）

核酸の1つであり，糖（2-デオキシ-D-リボース），塩基(主にアデニン，グアニン，シトシン，チミン)，リン酸からなるヌクレオチドの重合体（ポリマー）．二重らせん構造.

リボ核酸（RNA）

核酸の1つであり，糖（D-リボース）と塩基(主にアデニン，グアニン，シトシン，ウラシル）とリン酸が結合したヌクレオチドの重合体.

1. 核酸はなにでできている？

▶DNAとRNA

- 核酸＝nucleic acid
- デオキシリボ核酸＝deoxyribonucleic acid
- リボ核酸＝ribonucleic acid
- ヌクレオチド＝nucleotide

核酸には，**デオキシリボ核酸（DNA）**と**リボ核酸（RNA）**の2種類があります．DNAは遺伝子の本体であり，RNAはタンパク質の合成にかかわります．ここではそれぞれの構造をみていきます．

DNAとRNAはどちらも核酸を構成する基本単位であるヌクレオチドが多数結合してできた鎖状の高分子化合物〔ポリヌクレオチド，ヌクレオチドの重合体（ポリマー）〕です（図6-27）．

- 重合体　→2章2-4
- 五炭糖　→6章2-2

核酸を構成する1つの**ヌクレオチド**は，糖〔五炭糖（ペントース）〕，塩基，リン酸から構成されます．糖（五炭糖）と塩基が結合したものは**ヌクレオシド**とよばれます．

- ヌクレオシド＝nucleoside

▶DNAとRNAの違い

●糖の違い

- 2-デオキシ-D-リボース＝2-deoxy-D-ribose
- D-リボース＝D-ribose
- ヒドロキシ基　→表6-1

DNAとRNAの構成成分には2つの違いがあります．1つ目は，糖の違いです（表6-8）．DNAはデオキシリボ核酸の名前であらわされるように糖の部分は**2-デオキシ-D-リボース**であり，RNAはリボ核酸の名前であらわされるように糖の部分は**D-リボース**です．デオキシリボースの「デ（de）」は「脱」を意味し，「オキシ（oxy）」は「酸素（oxygen）」を意味します．つまり，接頭語の「2-デオキシ」はD-リボースの2位の炭素原子に付いているヒドロキシ基（－OH）が水素（H）に置き換わり，酸素（O）が失われていることを示しています．

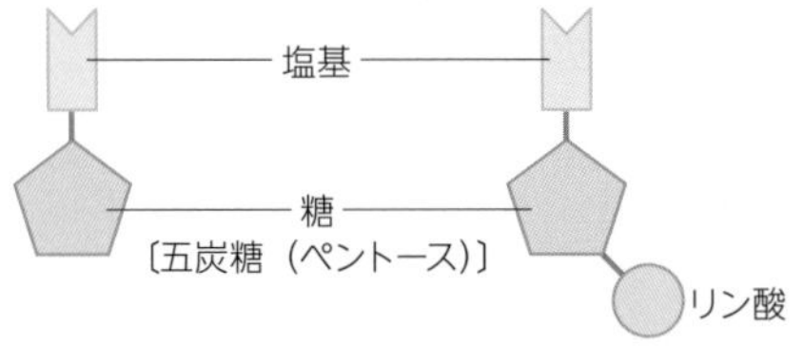

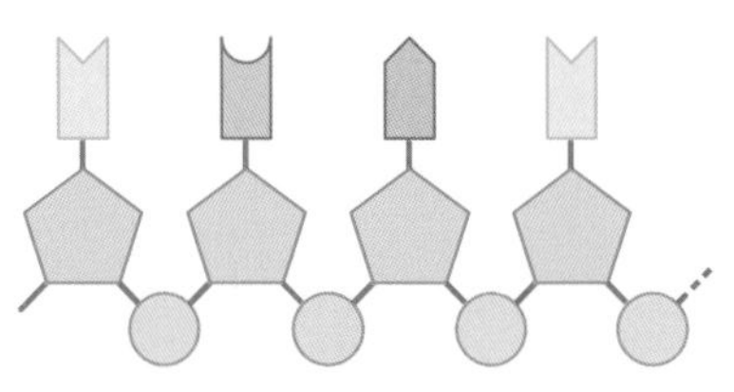

図6-27　核酸の構成成分（ヌクレオチド，ヌクレオシド）
核酸はヌクレオチド〔糖（五炭糖）－塩基－リン酸〕の重合体です．

● 塩基の違い

2つ目は，塩基の違いです（表6-8）．核酸を構成する塩基の種類としては，**アデニン（A）**●，**グアニン（G）**●，**シトシン（C）**●，**チミン（T）**●，**ウラシル（U）**●の5種類の塩基がありますが，DNA中には主にアデニン，グアニン，シトシン，チミンの4種が存在し，RNA中には主にアデニン，グアニン，シトシン，ウラシルの4種が存在します．

● アデニン＝adenine
● グアニン＝guanine
● シトシン＝cytosine
● チミン＝thymine
● ウラシル＝uracil

TとUが違うね

DNAの塩基 AGCT

RNAの塩基 AGCU

これらの塩基は構造の違いにより，**プリン塩基**●と**ピリミジン塩基**●に分類されます．これらはプリンもしくはピリミジンという有機化合物の分子構造をもっており，それぞれ，プリン誘導体，ピリミジン誘

● プリン塩基＝purine base
● ピリミジン塩基＝pyrimidine base

表6-8　DNAとRNAの構成成分

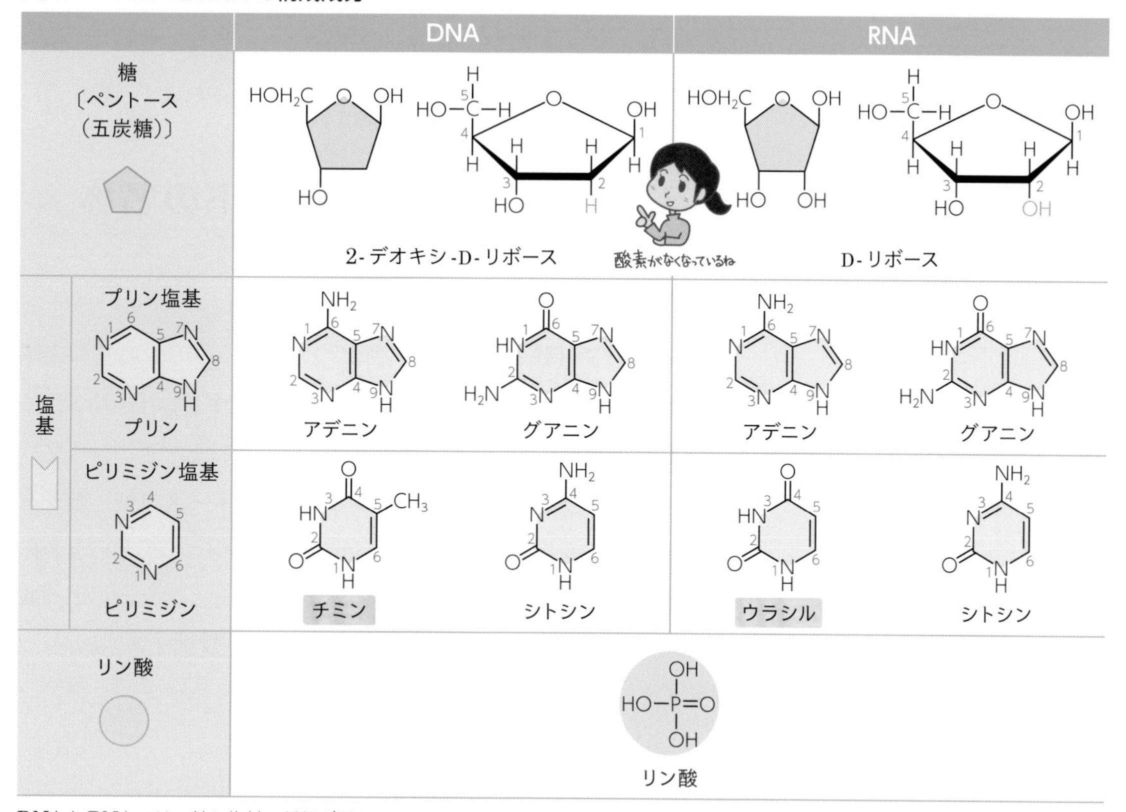

DNAとRNAでは，糖と塩基の種類が異なっています．

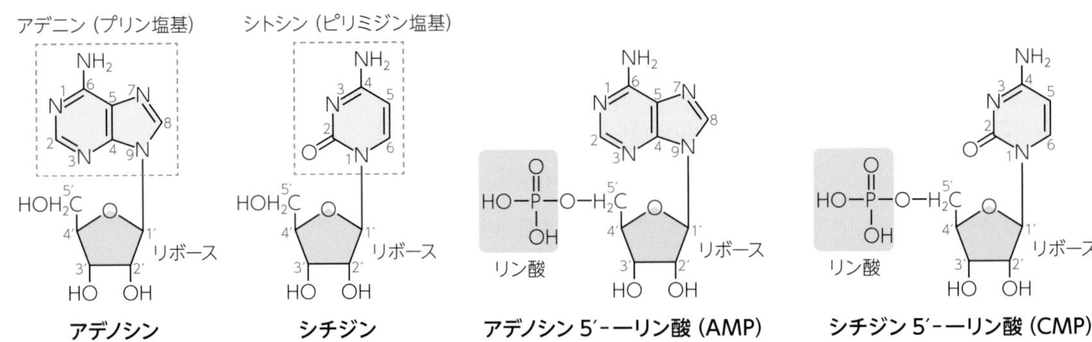

図6-28　RNAを構成するヌクレオシドとヌクレオチドの例
ヌクレオチドには，糖の5′の位置にリン酸が結合しています．

※1　誘導体（derivative）：ある化合物の原子または原子団が，他の原子または原子団によって置き換わったり，ある化合物に新たに他の原子または原子団が結合したりして生成したものは，もとの化合物の誘導体とよばれます．もとの化合物と誘導体とでは，原子団が異なるので分子の性質は異なります．

導体とよばれます[※1]．プリン誘導体は窒素を含む2つの環が縮合した構造をもっており，アデニンとグアニンはプリン塩基に分類されます．また，ピリミジン誘導体は窒素を含む環を1つだけ含んでおり，シトシン，チミン，ウラシルはピリミジン塩基に分類されます（表6-8）．

2. ヌクレオシドとヌクレオチドの名称

▶ヌクレオシドの名称

ヌクレオシド（糖＋塩基）の名称については，プリン塩基の末尾を−オシン（-osine），ピリミジン塩基の末尾を−イジン（-idine）に変えた名称でよばれます．例えば，リボース（糖）とアデニン（プリン塩基）の組み合わせの場合はアデノシン●，リボース（糖）とシトシン（ピリミジン塩基）の組み合わせの場合はシチジン●という名称のヌクレオシドになります（図6-28A）．ヌクレオシドにおいて，糖の炭素原子の番号には，塩基についている番号と区別するために「′（プライム）[※2]」の付いた数字で表します．

●アデノシン＝adenosine

●シチジン＝cytidine

※2　日本では慣用的にダッシュとよばれることもあります．

表6-9　核酸でみられるヌクレオシド，ヌクレオチドの名称

核酸	塩基		ヌクレオシド	ヌクレオチド		
				化合物名	略号	慣用名
RNA	プリン塩基	アデニン	アデノシン	アデノシン5′-一リン酸	AMP	アデニル酸
		グアニン	グアノシン	グアノシン5′-一リン酸	GMP	グアニル酸
	ピリミジン塩基	シトシン	シチジン	シチジン5′-一リン酸	CMP	シチジル酸
		ウラシル	ウリジン	ウリジン5′-一リン酸	UMP	ウリジル酸
DNA	プリン塩基	アデニン	デオキシアデノシン	デオキシアデノシン5′-一リン酸	dAMP	デオキシアデニル酸
		グアニン	デオキシグアノシン	デオキシグアノシン5′-一リン酸	dGMP	デオキシグアニル酸
	ピリミジン塩基	シトシン	デオキシシチジン	デオキシシチジン5′-一リン酸	dCMP	デオキシシチジル酸
		チミン	デオキシチミジン	デオキシチミジン5′-一リン酸	dTMP	デオキシチミジル酸

RNAやDNAを構成するヌクレオシド，ヌクレオチドは糖と塩基の種類によって名称が決まります．

ヌクレオチドの名称

ヌクレオチドは，ヌクレオシドの糖の5′位の炭素原子にリン酸が結合してできているため，ヌクレオシドの名称の後に5′-一リン酸を加えた名称でよばれます．例えば，アデノシン（リボース＋アデニン）にリン酸が結合したヌクレオチドの場合は，アデノシン5′-一リン酸とよばれます（図6-28B）．

- 5′-一リン酸＝5′-monophosphate
- アデノシン5′-一リン酸＝Adenosine 5′-monophosphate：AMP，アデニル酸

核酸を構成するヌクレオシドとヌクレオチド

RNAやDNAでみられるヌクレオシドとヌクレオチドの名称を表6-9に示しました．デオキシアデノシンの「デオキシ」，デオキシアデノシン5′-一リン酸の「デオキシ」および「d」は，付いている糖の種類が2-デオキシ-D-リボースであることを示しています．

- デオキシアデノシン5′-一リン酸＝dAMP，デオキシアデニル酸

3. ヌクレオチド鎖の構造

DNAおよびRNAにおいて，ヌクレオチド同士は，一方のヌクレオチドの糖の3′位炭素についているヒドロキシ基（－OH）ともう一方のヌクレオチドのリン酸基の**リン酸ジエステル結合**（ホスホジエステル結合）によって互いに結ばれています（図6-29上）．ヌクレオチドがつながってできたポリヌクレオチド鎖には方向があります．ポリヌクレオチド鎖の一方の端にある5′位炭素（C5′位）に遊離の（1つの糖としか結合していない）リン酸基がついている方を5′末端と

- 5′末端＝5′end

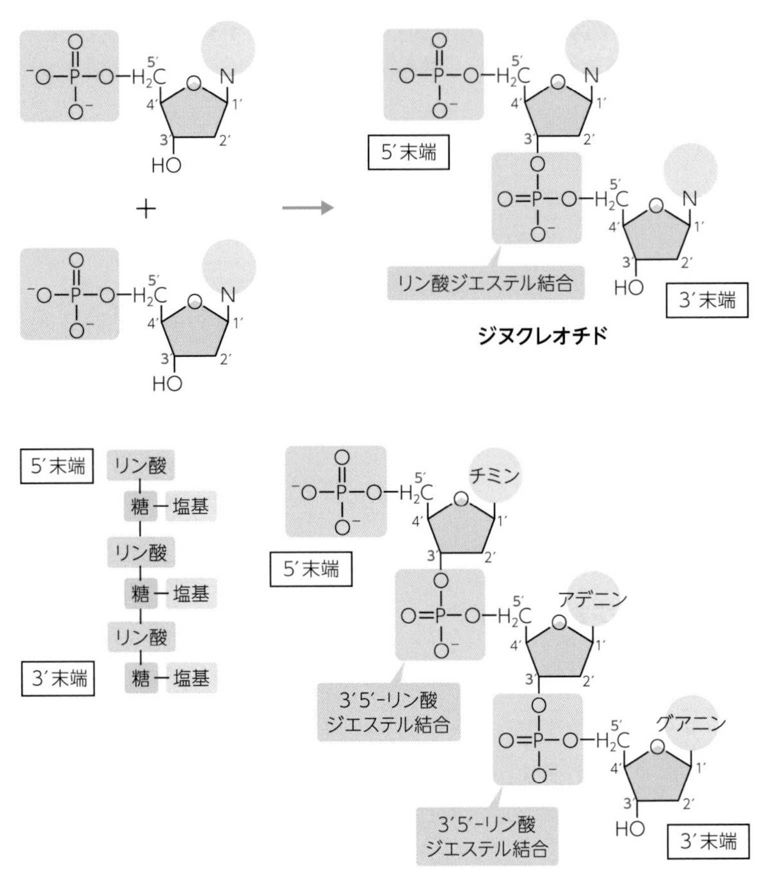

図6-29　ヌクレオチド鎖の構造

ヌクレオチド鎖は，3′末端位のヒドロキシ基（−OH基）と5′末端位のリン酸基がリン酸ジエステル結合によって連なっています．

いい，もう一方の端にある3′炭素（C3′位）に遊離のヒドロキシ基（−OH基）がついている方を3′末端●といいます．

● 3′末端＝3′ end

慣例として，核酸の塩基配列は5′→3′の方向に書きあらわします．その際に，それぞれのヌクレオチドあるいはそれぞれの塩基の正式名を書くよりは，塩基の一文字表記（A，G，C，T，U）で書く方が一般的であり，例えば**図6-29下**のデオキシチミジン5′-一リン酸，デオキシアデノシン5′-一リン酸，デオキシグアノシン5′-一リン酸の3つの塩基からなるトリヌクレオチドは，TAGやT-A-Gと表記されます．

4. DNAの構造

DNAの構造は，2本のポリヌクレオチド鎖がらせん状になっているところから，**二重らせん構造**とよばれています．この二重らせんを構成している2本のポリヌクレオチド鎖は互いに逆方向を向いています．1本は5′→3′方向，もう1本は3′→5′方向です．したがってこの鎖は逆平行（アンチパラレル）であるともいわれます（図6-30）．

- 二重らせん構造＝double helix structure

DNAは2本の鎖が安定した形をとっており，この構造の安定性に寄与しているものの1つに水素結合があります．図6-30に示したように，DNAの2本の鎖の間には，アデニンとチミン（A－T）が2つの水素結合を形成し，シトシンとグアニン（C－G）が3つの水素結合を形成しています．それぞれの水素結合は特別に強いものではありませんが，数千を超える水素結合が二重らせん構造の安定性に寄与し

- 水素結合 →2章2-3

AMP, ADP, ATP

アデノシン5′-一リン酸（adenosine 5′-monophosphate：AMP，アデノシン一リン酸）にさらにリン酸が結合して，リン酸が2つのものをアデノシン5′-二リン酸（adenosine 5′-diphosphate：ADP，アデノシン二リン酸），リン酸が3つのものをアデノシン5′-三リン酸（adenosine 5′-triphosphate：ATP，アデノシン三リン酸）とよびます．有機化合物にみられるリン酸同士の結合を高エネルギーリン酸結合といい，リン酸が1つとれてATPからADPになるときには多くのエネルギーが放出され，ATPが合成されるときには多くのエネルギーが取り込まれます．ATPには体内でエネルギーの受け渡しをするという役割があります．

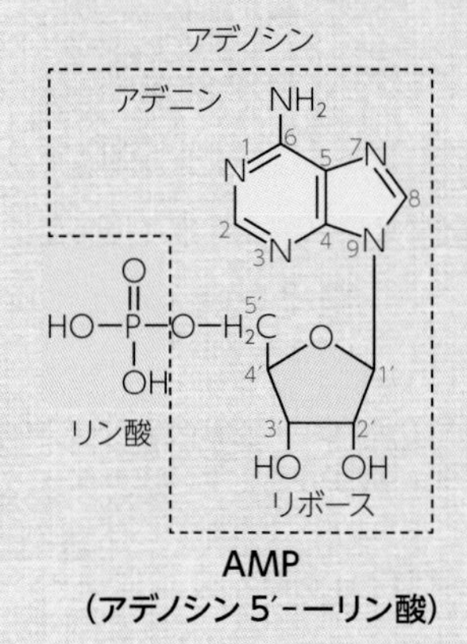

AMP
（アデノシン 5′-一リン酸）

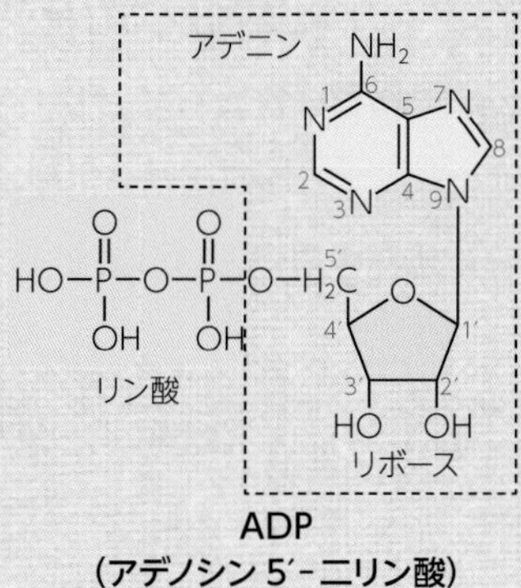

ADP
（アデノシン 5′-二リン酸）

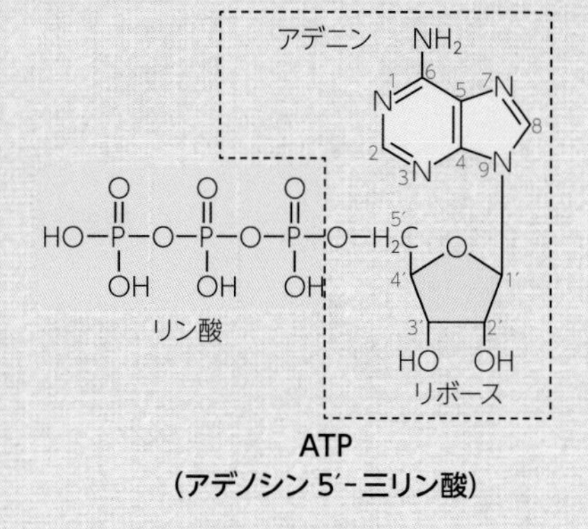

ATP
（アデノシン 5′-三リン酸）

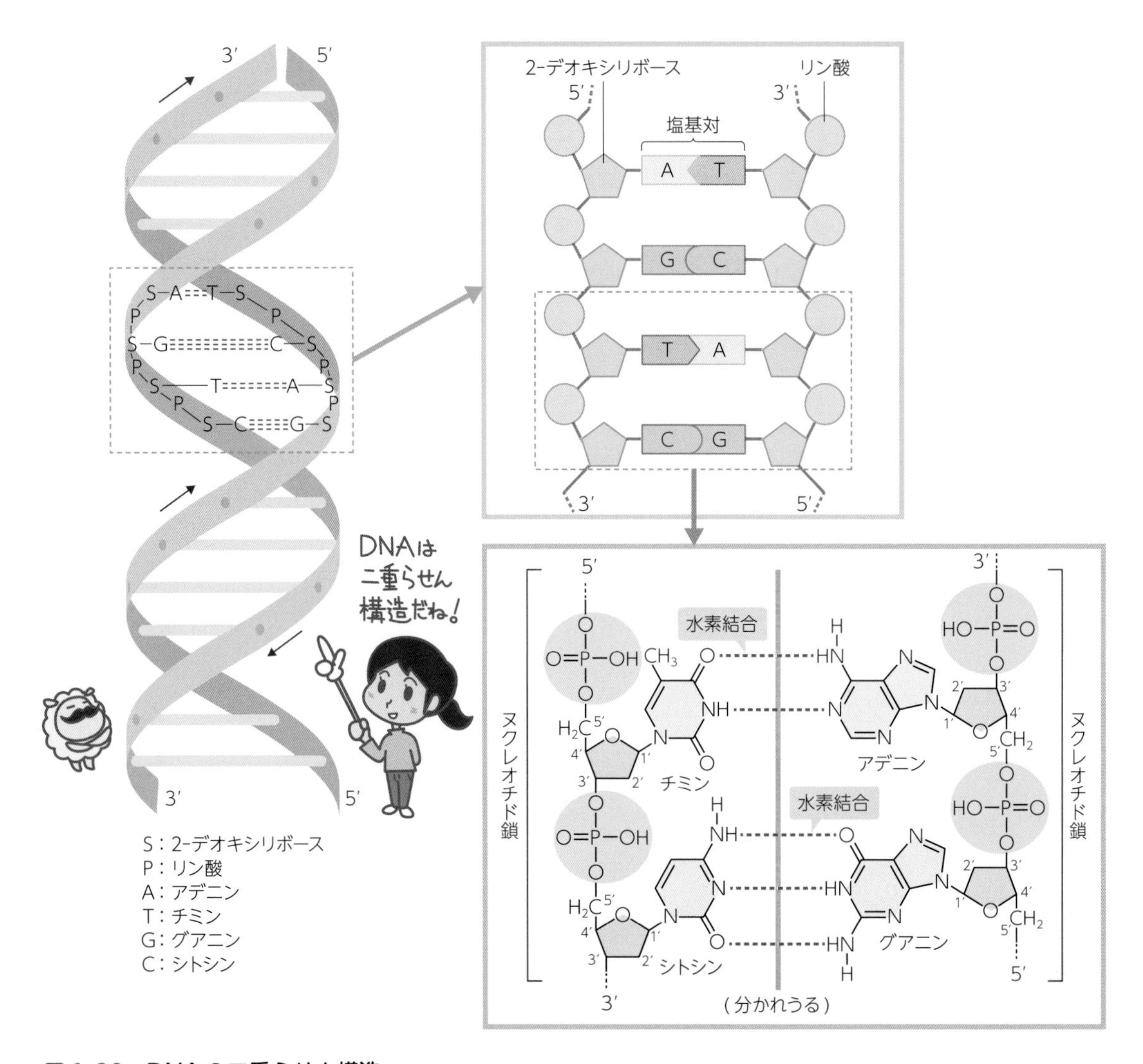

図6-30　DNAの二重らせん構造

DNAは二重らせん構造をしています．2本の鎖の塩基間には水素結合が形成され，DNAの構造の安定性に寄与しています．この水素結合は，アデニンとチミン（A－T）の間に2カ所，シトシンとグアニン（C－G）の間に3カ所形成されています．参考文献35をもとに作成．

● 塩基対＝base pair

● 相補的＝complementary

ているのです．この塩基同士が対になったものを**塩基対**とよびます．対になる塩基の種類は決まっており，AはTと，CはGと結合するため，塩基対を形成する塩基は互いに**相補的**な関係にある（DNAは相補的な二重らせん構造）といいます．

練 習 問 題

ⓐ 核酸の構成成分

❶ DNAの構成成分である糖を答えてください.

❷ RNAの構成成分である糖を答えてください.

❸ DNAを構成する主な塩基を4種類答えてください.

❹ RNAを構成する主な塩基を4種類答えてください.

ⓑ DNAの構造

❶ 次の文章の空欄に適切な語句を入れてください.

DNA分子は, 2本の鎖を平行に並べてはしご上にしたものをねじってできた（①）構造となっている. このモデルは, 1953年, ワトソンとクリックによって提唱された. この（①）構造が保たれているのは, 2本の鎖の塩基間に（②）が形成されているからである. （②）はアデニンと（③）の塩基間, および（④）と（⑤）の塩基間で形成される. この塩基同士が対になったものを（⑥）といい, （⑥）を形成する塩基は互いに（⑦）であるという.

❷ 次の図の空欄に適切な語句を入れてください. また, それぞれの塩基間に形成される水素結合を点線で書き入れてください.

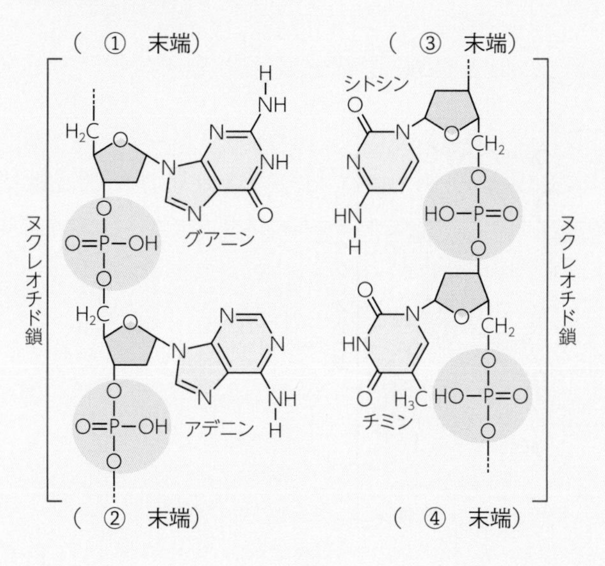

練習問題の 解 答

a ❶ **2-デオキシ-D-リボース**

❷ **D-リボース**

❸ **アデニン，グアニン，シトシン，チミン**

❹ **アデニン，グアニン，シトシン，ウラシル**

DNAとRNAの構成成分には2つの違い（糖と塩基の違い）があります．

b ❶ **①二重らせん　②水素結合　③チミン　④シトシン　⑤グアニン**（④と⑤は順不同）
⑥塩基対　⑦相補的

DNAは2本のポリヌクレオチド鎖がらせん状になった構造をしています．

❷ **①5′　②3′　③3′　④5′**

図6-28を参考に，糖の原子に番号をつけてみましょう（1′～5′）．1′には塩基が結合しています．ヌクレオチド鎖のC5′側の末端を5′末端，もう一方のC3′側の末端を3′末端とよびます．DNAの二重らせんを構成している2本の鎖は逆方向を向いているのも特徴です．DNAの塩基間の水素結合は，アデニンとチミン（A-T）の間に2カ所，シトシンとグアニン（C-G）の間に3カ所形成されます．

3′末端
5′末端
シトシン
グアニン
アデニン
チミン
ヌクレオチド鎖
ヌクレオチド鎖
5′末端
3′末端

参考文献

1）「化学基礎」（齋藤　烈，他／著），啓林館，2011

2）「コ・メディカル化学」（齋藤勝裕，他／著），裳華房，2013

3）「生物」（嶋田正和，他／著），数研出版，2013

4）「113番元素特設ページ」（理化学研究所仁科加速器研究センター）（http://www.nishina.riken.jp/113/）

5）「化学基礎」（辰巳　敬，他／著），数研出版，2011

6）「化学基礎」（竹内敬人，他／著），東京書籍，2011

7）「系統看護学講座　生化学」（三輪一智，中　恵一／著），医学書院，2014

8）「原子量表（2015）」（日本化学会）（http://www.chemistry.or.jp/activity/doc/atomictable2015.pdf）

9）「化学入門」（大野公一，他／著），共立出版，1997

10）「まるわかり！基礎化学」（田中永一郎／監，松岡雅忠／著），南山堂，2012

11）「マクマリー 生物有機化学（基礎化学編）第4版」（菅原二三男／監訳），丸善出版，2015

12）「放射線生物学（診療放射線技師 スリム・ベーシック1）」（福士政広／編），メジカルビュー社，2009

13）「生化学 第3版（栄養科学イラストレイテッド）」（薗田　勝／編），羊土社，2017

14）「看護に必要な やりなおし生物・化学（プチナースBOOKS）」（時政孝行／著），照林社，2013

15）「岩波 生物学辞典 第4版」（八杉龍一，他／編），岩波書店，1996

16）「シンプル生理学 改訂第7版」（木邑富久子，根来英雄／著），南江堂，2016

17）「改訂　化学基礎」（山内　薫，他／著），第一学習社，2017

18）「化学入門 日常生活に役立つ基礎知識」（大月　穣／著），東京化学同人，2016

19）「化学」（辰巳　敬，他／著），数研出版，2018

20）「化学 入門編」（日本化学会化学教育協議会／編），化学同人，2007

21）「解剖生理や生化学をまなぶ前の 楽しくわかる生物・化学・物理」（岡田隆夫／著），羊土社，2017

22）「コスタンゾ 明解生理学」（岡田　忠，菅谷潤壹／監訳），エルゼビアジャパン，2007

23）「医療・薬学系のための 基礎化学」（津田孝雄，他／編），朝倉書店，2012

24）「医療・看護系のための 化学入門」（塩田三千夫，山崎　昶／著），裳華房，2003

25）「医療のための化学」（堀内　孝，村林　俊／著），コロナ社，2012

26）「人体のメカニズムから学ぶ 放射線生物学」（松本義久／編），メジカルビュー社，2017

27）「放射線生物学 5訂版」（杉浦紳之，他／編），通商産業研究社，2017

28）「運動・からだ図解 栄養学の基本」（渡邊　昌／監），マイナビ出版，2016

29）「標準生化学」（藤田道也／著），医学書院，2012

30）「標準生理学 第8版」（小澤瀞司，福田康一郎／監），医学書院，2014

31）「マクマリー 生物有機化学（生化学編）原書8版」（菅原二三男，倉持幸司／監訳），丸善出版，2018

32）「解剖生理学 第9版」（坂井建雄，岡田隆夫／著），医学書院，2014

33）「マクマリー 生物有機化学（有機化学編）原書8版」（菅原二三男，倉持幸司／監訳），丸善出版，2018

34）「ストライヤー 生化学 第7版」（Jeremy M. Berg，他／著，入村達郎／監訳），東京化学同人，2013

35)「生物基礎」(嶋田正和，他/著)，数研出版，2011

36)「化学」(竹内敬人，他/著)，東京書籍，2013

37)「系統看護学講座 生化学 第14版」(畠山鎮次/著)，医学書院，2019

38)「化学 第7版」(奈良雅之/著)，医学書院，2018

39)「マクマリー有機化学（上）第9版」(J.McMurry/著，伊東　椒，他/訳)，東京化学同人，2017

40)「マクマリー有機化学（中）第9版」(J.McMurry/著，伊東　椒，他/訳)，東京化学同人，2017

41)「マクマリー有機化学（下）第9版」(J.McMurry/著，伊東　椒，他/訳)，東京化学同人，2017

42)「有機化学命名法」(H.A.Favre，W.H.Powell/編著，日本化学会命名法専門委員会/訳著，製品評価技術基盤機構/協力)，東京化学同人，2017

43)「化合物命名法（第2版）」(日本化学会命名法専門委員会/編)，東京化学同人，2016

44)「基礎から学ぶ生物学・細胞生物学　第3版」(和田　勝/著，髙田耕司/編集協力)，羊土社，2015

45)「PDB（Protein Data Bank）」(https://www.wwpdb.org)

46)「PDBj（Protein Data Bank Japan）」(https://pdbj.org)

47) Eisenberg D, et al：Analysis of membrane and surface protein sequences with the hydrophobic moment plot. J Mol Biol, 179：125-142, 1984

48)「PyMOL」(https://pymol.org/2/)

49)「カラーイラストで学ぶ 集中講義 生化学」(鈴木敬一郎，他/編著)，メジカルビュー社，2011

索引

欧文

和文

あ

い

う・え

お

か

ふ

へ

ほ

ま ～ む

も

ゆ

よ

ら

り

る ～ ろ

著者プロフィール

白戸 亮吉（しろと あきよし）

2009年山形大学理学部生物学科卒業．2014年山形大学大学院理工学研究科博士後期課程修了．博士（理学）．静岡県立浜松南高等学校専門支援員（サイエンスエキスパート）などを経て，2016年より日本医療科学大学保健医療学部助教（現職）．講義はこれまでに化学，生化学，生理学などを担当し，現在は生物学，基礎科学実験などを担当．専門は動物行動学で，アリ類の多女王制進化について研究．

小川 由香里（おがわ ゆかり）

2003年熊本大学理学部環境理学科卒業．2012年熊本大学大学院薬学教育部分子機能薬学専攻博士後期課程修了．博士（薬学）．北海道大学大学院水産科学研究院教務補佐員，熊本大学大学院医学薬学研究部教務補佐員，崇城大学薬学部研究員，尚絅大学生活科学部助手などを経て，2014年より日本医療科学大学保健医療学部助教，2020年より准教授（現職）．講義は生化学，生理学，化学などを担当．核酸の酸化損傷に対する防御機構，疾患と酸化ストレスの関係について研究．

鈴木 研太（すずき けんた）

2012年埼玉大学大学院理工学研究科博士後期課程修了．博士（理学）．理化学研究所リサーチアソシエイト，科学技術振興機構ERATO研究員，宇都宮大学特任研究員などを経て，2015年より日本医療科学大学保健医療学部助教，2020年より准教授（現職）．講義は生物学や基礎科学実験（化学分野）などを担当．これまで人体機能学（生理学）などの指導にも携わってきた．動物の行動とストレスの関係について研究．2009年度笹川科学研究奨励賞受賞．

生理学・生化学につながる　ていねいな化学

2020年1月　1日　第1刷発行
2024年2月20日　第4刷発行

著　者　白戸亮吉，小川由香里，鈴木研太

発行人　一戸裕子
発行所　株式会社　羊　土　社
〒101-0052
東京都千代田区神田小川町2-5-1
TEL　03（5282）1211
FAX　03（5282）1212
E-mail　eigyo@yodosha.co.jp
URL　www.yodosha.co.jp/

ISBN978-4-7581-2100-2

印刷所　大日本印刷株式会社